Amit Kumar Trivedi

Sazonalidade no pardal doméstico (Passer domesticus)

Amit Kumar Trivedi

Sazonalidade no pardal doméstico (Passer domesticus)

ScienciaScripts

Imprint
Any brand names and product names mentioned in this book are subject to trademark, brand or patent protection and are trademarks or registered trademarks of their respective holders. The use of brand names, product names, common names, trade names, product descriptions etc. even without a particular marking in this work is in no way to be construed to mean that such names may be regarded as unrestricted in respect of trademark and brand protection legislation and could thus be used by anyone.

Cover image: www.ingimage.com

This book is a translation from the original published under ISBN 978-3-659-87650-9.

Publisher:
Sciencia Scripts
is a trademark of
Dodo Books Indian Ocean Ltd. and OmniScriptum S.R.L publishing group

120 High Road, East Finchley, London, N2 9ED, United Kingdom
Str. Armeneasca 28/1, office 1, Chisinau MD-2012, Republic of Moldova, Europe
Managing Directors: Ieva Konstantinova, Victoria Ursu
info@omniscriptum.com

Printed at: see last page
ISBN: 978-620-8-61102-6

ÍNDICE DE CONTEÚDOS

Capítulo 1	**3**
Capítulo 2	**4**
Capítulo 3	**5**
Capítulo 4	**19**
Capítulo 5	**39**
Capítulo 6	**52**

PREFÁCIO

Este livro "**Seasonality in house sparrow (*Passer domesticus*)" (Sazonalidade no pardal doméstico (*Passer domesticus*))** tem por objetivo cobrir a descrição das respostas circadianas e sazonais de uma ave indiana residente amplamente distribuída, o pardal doméstico. Este livro inclui uma descrição da população de pardais domésticos (*Passer domesticus*) que vive em Lucknow e arredores (27^0N, 81^0E) na Índia, com referências especiais às suas respostas circadianas e sazonais. Em particular, a ênfase é colocada em estudos de curto e longo prazo das respostas diárias e sazonais dos pardais domésticos em cativeiro sob fotoperíodos naturais e artificiais.

Amit Kumar Trivedi

1. INTRODUÇÃO

A sazonalidade é uma adaptação obrigatória para a sobrevivência de muitas espécies. As aves são sazonais. As aves adultas apresentam um ciclo sazonal em várias funções, incluindo as cores do bico e da plumagem, a muda, a engorda do corpo, a carga parasitária, a massa corporal, o crescimento e desenvolvimento das gónadas, os níveis hormonais, o sistema imunitário, a produção de canções, a construção de ninhos, os cuidados parentais e a migração. A maioria dos eventos sazonais está centrada na reprodução sazonal. É de considerável importância estudar como os eventos de curto e longo prazo de um organismo são programados para ocorrer na estação mais favorável do ano.

Num ambiente sazonal, os ciclos claro-escuro (CL) são a variável mais consistente numa dada latitude. Várias caraterísticas do ciclo natural de DL, como a amplitude do ciclo de DL, a duração do fotoperíodo e a duração do crepúsculo, variam sistematicamente com a estação do ano e, por conseguinte, fornecem uma pista fiável aos organismos para se adaptarem às mudanças no ambiente. Este livro inclui investigações sobre a sazonalidade das aves em relação ao ambiente fotoperiódico a 27^0N, 81^0E. As experiências foram efectuadas com o pardal doméstico (*Passer domesticus*), que está amplamente distribuído e cujas populações temperadas têm sido amplamente investigadas. Em particular, a ênfase é colocada no estudo das respostas diárias e sazonais do pardal em cativeiro sob fotoperíodos naturais e artificiais em estudos de curto e longo prazo.

2. PARDAL DOMÉSTICO (PASSER DOMESTICUS)

1. Pardal doméstico *(Passer domesticus)*: a espécie-modelo

As experiências foram efectuadas em pardais domésticos adultos (*Passer domesticus*) Linnaeus, localmente designados por gouriya (em hindi, urdu). Trata-se de um tentilhão passeriforme, com 15 cm de comprimento. Os machos são muito coloridos e as fêmeas são menos coloridas. Os pardais são aves residentes muito difundidas e abundantes, que se encontram em toda a Índia, exceto nos Himalaias, acima de cerca de 1500 m (Ali e Ripley, 1974). São comensais do homem e vivem em habitações humanas de qualquer descrição. Andam em bandos ruidosos, exceto na época de reprodução, em que se mantêm aos pares. Os pardais alimentam-se principalmente de erva, sementes de ervas daninhas e grãos de cereais. A alimentação inclui também botões de frutos e flores, rebentos tenros, restos de cozinha e insectos. Os filhotes são exclusivamente não vegetarianos, alimentando-se de insectos de corpo mole, lagartas, etc.

A época de reprodução estende-se principalmente de março a junho no norte, prolongando-se até setembro ou outubro no centro da Índia e durante todo o ano no sul da Índia. O ninho é geralmente uma coleção volumosa e desarrumada de palha, fibras, fios de algodão ou outros detritos, forrada com penas e colocada em quase todos os tipos de buracos. Os ovos são geralmente 4 (podem ser 3 a 6). A construção do ninho é efectuada por ambos os sexos, mas é a fêmea que faz a maior parte da incubação. Ambos os progenitores prestam cuidados parentais.

3. RESPOSTAS SAZONAIS EM CONDIÇÕES NATURAIS

Este capítulo inclui os ciclos sazonais do pardal doméstico *(Passer domesticus).* Descrevemos alterações na massa corporal, cores do bico e da plumagem, crescimento e desenvolvimento gonadal e muda das penas primárias das asas e do corpo de pardais capturados em Lucknow e arredores (27^0N, 81^0E) todos os meses durante o período de um ano e comparámo-las com observações de aves mantidas em cativeiro no aviário exterior. O estudo foi efectuado em aves adultas de ambos os sexos adquiridas localmente e completado em duas partes. Numa parte da experiência (parte I), foram feitas observações sobre a massa corporal, as cores do bico e da plumagem e o tamanho das gónadas em pardais machos e fêmeas (n= 8 - 10) que eram recolhidos todos os meses na natureza e aclimatados durante 4 dias no aviário exterior. Na outra parte (parte II), grupos de pardais machos e fêmeas (n= 10 - 12) foram recolhidos em dezembro e mantidos no nosso aviário exterior. Os resultados mostram que ambos os sexos de pardais têm essencialmente um padrão semelhante nos ciclos anuais de massa corporal, gónadas, muda e outros caracteres sexuais secundários, como a cor do bico e a plumagem nos machos. A sazonalidade da massa corporal foi menos dramática. O cativeiro tem um certo efeito na reprodução, que é mais evidente nas fêmeas. Parece que a duração do dia está envolvida na regulação dos ciclos sazonais do pardal doméstico, embora factores suplementares como a disponibilidade de alimentos e o stress no ambiente possam atuar como factores modificadores.

A classe Aves contém os melhores exemplos de vertebrados sazonais. Quase todas as espécies de aves estudadas até à data apresentam sazonalidade em várias funções, como a ingestão de alimentos, a massa corporal, as cores da plumagem e do bico, a recrudescência e regressão gonadal, a fotorrefracção, a muda, os níveis hormonais, a produção de canções, o sistema imunitário, a migração, etc. (para mais pormenores, ver Wingfield e Farner, 1993; Jain e Kumar, 1995; Kumar, 1997). Tanto as espécies de aves não migratórias como as migratórias apresentam sazonalidade na massa corporal, embora esta seja mais acentuada nas aves migratórias devido à forte deposição de gordura, que serve de "combustível" para a migração. Em geral, as aves não migratórias pesam mais na fase sexual do que na fase pós-reprodutiva do ciclo anual (Thapliyal, 1968; Saxena e Saxena, 1975) e, durante a fase sexual, os machos pesam mais do que as fêmeas (Thapliyal e Pandha, 1965; Thapliyal e Biur, 1992).

De todos os ciclos sazonais, a reprodução foi estudada em muitas aves reprodutoras temperadas, incluindo o estorninho europeu, *Sturnus vulgaris* (Bissonnette, 1931; Burger, 1947; Dawson *et al*, 1986); pomba-da-manhã, *Zenaidure macroura carolinensis* (Cole, 1933); gaio-azul, *Cyanocilta cristata* (Bissonnette, 1936); pardal-doméstico, *Passer domesticus* (Davis e Davis, 1954); pardal de coroa branca, *Zonotrichia leucophrys* (Blanchard, 1941; Farner, 1961); tentilhão verde, *Chloris chloris* (Damste, 1947); tentilhão tecelão, *Quelea quelea* (Disney e Marshall, 1956); pomba anelar, *Streptopelia risoria* (Silver *et al.*, 1980); pinguins-imperador, *Aptenodytes forsteri*, e pinguins-de-adélia, *Pygoscelis adelia* (Groscolas *et al.*, 1986); lagópode-de-svalbard do Ártico superior, *Lagopus mutus hyperboreus* (Stokkan *et al.*, 1986); canário, *Serinus canarius* (Nottebohm *et al.*, 1987); cegonha-branca, *Ciconia ciconia* (Hall *et al.*, 1987); chapim-real, *Parus major* e chapim-salgueiro, *Parus montanus* (Silverin *et al.*, 1989); pinguins-de-magalhães, *Eudyptes chrysolophus* e pinguins-gentoo, *Pygoscelis papua* (Williams, 1992); codornizes europeias, *Coturnix coturnix* (Boswell, 1991); codornizes japonesas, *Coturnix coturnix japonica* (Wada *et al.*, 1992); melro-de-asa-vermelha, *Agelaius phoenicus* (Beletsky *et al.*, 1992).

Ao contrário das regiões temperadas (alta latitude) (35^0N e superior), onde a maioria das aves se reproduz durante um período estreito do ano (no final da primavera e no verão), a época de reprodução das espécies de média e baixa latitude pode ser dispersa. Nos trópicos, por exemplo, as épocas de reprodução podem encontrar-se dispersas ao longo de todo o ano, embora as espécies individuais ou as diferentes populações da mesma espécie sejam essencialmente sazonais (ver revisão Chandola *et al.*, 1983). Muitas aves tropicais reproduzem-se de facto durante a primavera e o verão, exibindo uma ciclicidade na reprodução, semelhante à das espécies temperadas (Thapliyal e Tewary, 1964; Epple *et al.*, 1972; Lewis *et al.*, 1974; Thapliyal, 1981; Gwinner e Dittami, 1984; Dittami e Gwinner, 1985; Tewary e Tripathi, 1985; Tewary e Dixit, 1986). Exemplos de criadores sazonais indianos, incluindo as espécies migratórias que passam o inverno na Índia, são Corujas indianas, *Anthena brama, Bubo bubo, Ketupa zeylonesis* e *Tyto alba* (Thapliyal, 1954); pombas, *Streptopelia tranquebarica, Streptopelia senegalensis* (Singh, 1958); corvos, *Corvus macrorhynchos, Corvus splendens* (Prasad, 1965); pombo, *Columba livia* (Dominic, 1960); pássaro tecelão indiano, *Ploceus philippinus* (Saxena, 1964); lal munia, *Estrilda amandava* (Tewary e Thapliyal, 1962); mynas: *Temenchus pagodarum, Acridotheres ginginianus*, Acridotheres *tristis*, *Sturnopastor contra* (Tewary, 1967); *Lonchura punctulata* (Chandola *et al.*, 1983; Bhatt e Chandola, 1985); *Emberiza melanocephala* (Kumar e Tewary, 1982a; Jain e Kumar, 1995); *Carpodacus erythrinus* (Kumar e Tewary, 1985); *Emberiza bruniceps* (Tripathi, 1985); *Gymnorhis xanthocollis* (Tewary e Tripathi, 1985); *Sturnus pagodarum* (Kumar e Kumar, 1991); *Psittacula krameri*

(Maitra e Dey, 1992); periquito-de-cabeça-florida, *Psittacula cynocephala* (Maitra, 1986).

As aves passam por uma série de mudas durante a sua vida. Desde a eclosão até ao final do primeiro ano de vida, ocorrem pelo menos quatro mudas diferentes, começando pela penugem natal, juvenil, alternada até ao aparecimento da plumagem básica (Lucas e Stettenheim, 1972). Durante o resto da vida, muitas aves apresentam duas mudas por ano. Uma delas é a muda pré-nupcial ou pré-alternativa, que prepara as aves para a reprodução que se aproxima. A outra é a muda pós-nupcial ou pré-básica que assinala o fim da época de reprodução. No estorninho europeu (*Sturnus vulgaris*), por exemplo, a muda começa em junho e termina em agosto, que é a fase pós-reprodutiva do estorninho (Dawson,

2003). Em muitas espécies, a muda pré-nupcial é menos distinta em comparação com a muda pós-nupcial; esta última é universal no mundo das aves. No pós-nupcial, as aves apresentam uma muda mais completa que envolve, em muitas ocasiões, a perda de retrizes, remiges e penas do corpo. Além disso, a muda pós-nupcial é indicativa não apenas da substituição de penas, mas de várias alterações fisiológicas significativas. Por exemplo, os indivíduos em muda pós-nupcial apresentam um aumento da vascularização da derme por baixo dos folículos e papilas das penas (Stettenheim, 1972), osteoporose (Meister, 1951; Murphy, 1996), aumento da taxa metabólica (Perek e Sulman, 1945; Lindstrom *et al.*, 1993), diminuição da gordura (Kuenzel e Helms, 1974) e alterações no perfil das células sanguíneas (Davis *et al.*, 2000). No pardal-de-coroa-branca (*Zonotrichia leucophrys gambelii*), os níveis de colesterol, fosfolípidos e glicéridos, que são elevados nos períodos pré-migratório e migratório e baixos no período de reprodução, são ainda mais reduzidos durante o período de muda corporal (de Graw *et al.*, 1979).

Várias alterações fisiológicas importantes coincidem com o período de muda pós-nupcial. Num estudo que induziu uma muda forçada em galinhas através da restrição de alimentos e água, verificou-se que a tiroxina (T_4) é uma hormona importante responsável pelo início do processo de muda (Brake *et al.*, 1979). Experimentalmente, uma única injeção intramuscular de progesterona numa dose de 20 mg põe termo à produção de ovos e, subsequentemente, induz a muda completa nas galinhas (Shaffner, 1954; Adams, 1955; Smith *et al.*, 1957; Tanabe *et al.*, 1957; Harris e Shaffner, 1957). Juhn e Harris (1956) demonstraram a muda induzida pela prolactina em galinhas. Em geral, níveis elevados de prolactina durante o final da época de reprodução estão implicados no desenvolvimento da refractariedade reprodutiva e da muda pós-nupcial nas aves (Dawson e Goldsmith, 1982; Blache e Sharp, 2003). Além disso, o sistema imunitário das aves sofre alterações no período da muda. Em chapins jovens e velhos (*Parus montanus*), por exemplo, o baço encontra-se aumentado durante o período de muda (ou seja, no final do verão e no início do outono) em comparação com a fase preparatória do final do outono e do inverno (Silverin *et al.*, 1999).

Estas funções sazonais ocorrem em sincronia com o ambiente geofísico periódico, de modo que ocorrem na altura do ano em que a possibilidade de sobrevivência dos jovens é maior. Em qualquer latitude, a variação anual da disponibilidade de luz diária é previsível, uma vez que a duração do dia é a consequência de posições relativamente estáveis do Sol, da Terra e da Lua ao longo dos anos. A rotação da Terra sobre o seu eixo, a revolução da Terra em torno do Sol e a revolução da Lua em relação à Terra permanecem praticamente as mesmas em qualquer dia da estação durante um longo período do ano. Outros factores ambientais, como a temperatura e a humidade, também mudam sazonalmente, mas são menos previsíveis. Além disso, a duração do dia influencia a temperatura e a humidade: durante o dia a temperatura é elevada e a humidade é baixa, enquanto à noite a temperatura é baixa e a humidade é elevada. Por conseguinte, não é surpreendente que muitas espécies tenham desenvolvido programas temporais sincronizados com as variações anuais da duração do dia. No entanto, a luz diária varia em duração, intensidade e distribuição espetral ao longo das estações, e a intensidade e o espetro da luz também variam de manhã à noite durante um dia. Assim, a duração do dia é um "calendário" fiável para muitas aves na sincronização das suas funções fisiológicas e comportamentais, de modo a que não ocorram na "altura errada" do ano.

O Professor A. B. Misra iniciou estudos sobre os ciclos reprodutivos das aves indianas na Universidade Hindu de Banaras, Varanasi (25^0N, 83^0E) há mais de cinco décadas (Misra, 1948). Desde então, foram estudadas várias aves e as suas épocas de reprodução foram resumidas por Thapliyal (1978) e Chandola *et al.* (1983, 1985). Aqui, decidimos voltar a investigar os ciclos sazonais do pardal doméstico *(Passer domesticus)*, uma espécie muito interessante com distribuição cosmopolita, pelas razões enumeradas na introdução geral.

Os estudos efectuados em aves adultas de ambos os sexos, recolhidas localmente, foram concluídos em duas partes. Numa parte da experiência (parte I), foram feitas observações sobre a massa corporal, as cores do bico e da plumagem e o tamanho das gónadas em pardais machos e fêmeas que foram adquiridos todos os meses na natureza e aclimatados durante 4 dias no aviário exterior. Na outra parte (parte II), foram registadas observações semelhantes durante um período de um ano em grupos de pardais machos e fêmeas que foram recolhidos e mantidos em cativeiro num aviário exterior desde dezembro.

A primeira observação foi feita após 4 dias de aclimatação no aviário ao ar livre e as observações sucessivas foram feitas a intervalos quase mensais, pelo que as observações de ambos os grupos de pardais foram registadas quase na mesma altura. No entanto, o registo da muda foi feito quinzenalmente e apenas nas aves mantidas em cativeiro (parte II).

Aves de vida livre

Nos pardais machos (Fig. 1a), a massa corporal teve dois picos, o primeiro pico em março e o segundo pico em julho, e sofreu alterações significativas ao longo do ano. Os testículos também sofreram um ciclo de crescimento-regressão significativo (Fig. 1c). Foram estimulados em fevereiro e atingiram o tamanho máximo em todas as aves em abril. Em maio, os testículos estavam a regredir e em julho os testículos estavam regredidos (TV média=1,2±0,6 mm^3). O bico permaneceu escuro durante a maior parte do ano, exceto em julho, quando todas as aves tinham um bico cor de palha (Fig. 1b). Relativamente, no entanto, o bico foi mais escuro em fevereiro (cor média do bico = 4,8±0,3) e mais claro em julho, produzindo assim uma diferença sazonal significativa ao longo do ano. A cor das penas da cabeça foi cinzenta ou cinzenta com franjas castanhas durante todo o ano, embora tenha havido uma variação significativa ao longo do ano na pontuação da cor (Fig. 1e). Uma tendência semelhante foi encontrada na plumagem do peito; uma variação pequena, mas significativa, ocorreu ao longo do ano em tons de penas coloridas (Fig. 1d).

Nas fêmeas (Fig. 2a), a massa corporal foi mínima em fevereiro (massa corporal média =19,1±0,5 g). Tal como nos machos, houve dois picos de massa corporal, um em janeiro (massa corporal média = 21,6±0,3 g) e outro em maio (massa corporal média = 21,7±0,6 g), e a massa corporal apresentou uma variação significativa ao longo do ano (Fig. 2a). O crescimento ovárico iniciou-se em março e os folículos eram maiores em abril. Em maio, os folículos começaram a regredir e, em julho, todas as aves tinham folículos totalmente regredidos (diâmetro médio dos folículos = 0,3±0,0 mm; Fig. 2c).

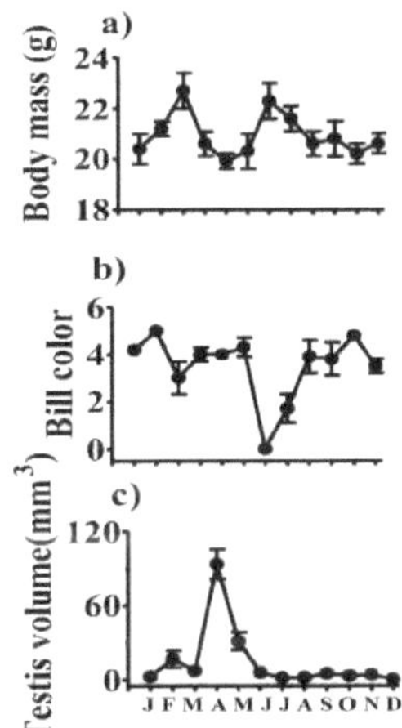

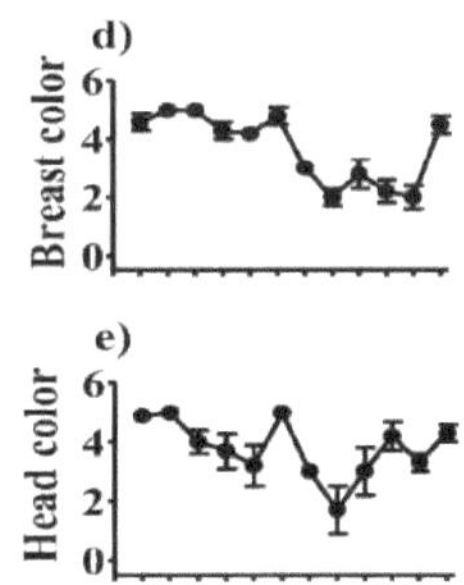

Figura 1. Média (±SE) da massa corporal (a), cor do bico (b), volume dos testículos (c), cor da plumagem do peito (d) e cor da plumagem da cabeça (e) de pardais domésticos machos recolhidos a meio de cada mês em

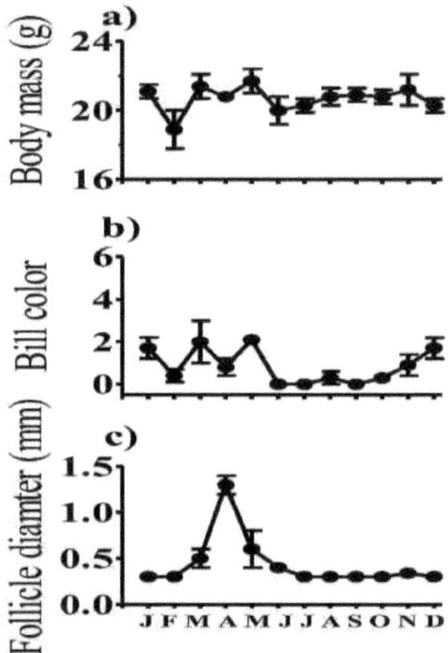

Figura 2. Média (±SE) da massa corporal (a), cor do bico (b) e diâmetro do folículo (c) de fêmeas de pardais domésticos colhidas durante o meio de cada mês em

As fêmeas tinham um bico de cor clara em comparação com os machos, e a sua cor não mudou tão dramaticamente como nos machos (cf. Figs. 1b e 2b). No entanto, houve uma pequena alteração na aparência da cor do bico ao longo do ano. O bico era mais escuro em fevereiro (cor média do bico = 2,6±0,5) e cor de palha em janeiro, março e de junho a novembro. Assim, houve uma mudança significativa na cor do bico ao longo do ano.

Cativos, mantidos no aviário exterior

Os pardais machos registaram um aumento e uma diminuição significativos da massa corporal ao longo do ano (Fig. 3a). O ganho máximo de massa corporal ocorreu em janeiro, pesando significativamente mais do que em março, maio a julho, setembro, novembro ou dezembro. Após janeiro, verificou-se uma perda progressiva de massa corporal até julho, altura em que as aves começaram a aumentar novamente a sua massa corporal (Fig. 3a). Em setembro, a massa corporal voltou a diminuir drasticamente; as aves de setembro pesavam o mínimo e significativamente menos do que as de janeiro, fevereiro ou agosto. Em novembro, os pardais voltaram a apresentar um ligeiro aumento da massa corporal.

Os pardais tiveram um ciclo testicular significativo, representado pelo início do crescimento dos testículos, a obtenção do crescimento total dos testículos e a regressão testicular (Fig. 3g). Apresentaram testículos estimulados em março (volume médio dos testículos, TV= 9,9±1,3 mm^3), atingiram o crescimento testicular máximo em maio (TV médio= 81,0 ± 8,1 mm^3). Em seguida, os testículos começaram a regredir, e os testículos involuídos foram encontrados em setembro (TV médio = 2,0±0,4 mm^3).

As alterações na cor do bico acompanharam o ciclo de crescimento-regressão testicular (Fig. 3b). Ao longo do ano, a pontuação da cor do bico sofreu alterações significativas; o bico foi mais escuro em maio (cor média do bico = 3,6±0,2) e mais claro em novembro (cor média do bico = 0,5±0,4). Assim, a cor do bico de março a junho foi significativamente diferente da cor do bico em novembro. As penas que cobrem a cabeça eram cinza-escuras no início do experimento, em dezembro (escore médio = 4,2±0,5), e depois começaram a clarear progressivamente, com as penas mais claras ($P<0,05$) encontradas em novembro (escore médio = 0,5±0,2; Fig. 3c). Na região do peito, não houve mudança significativa na cor da plumagem ao longo do ano, embora houvesse mais penas pretas na fase de reprodução (março a julho) do que na fase pós-reprodução (agosto a dezembro; Fig. 3d).

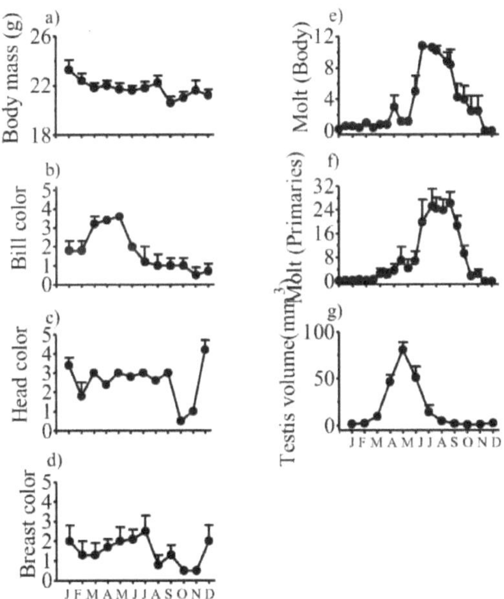

Figura 3: Média (± massa corporal (a), cor do bico (b), cor da plumagem da cabeça (c), cor da plumagem do peito (d), pontuação da muda das penas do corpo (e), pontuação da muda das penas primárias de voo (f) e volume dos testículos (g) de pardais domésticos machos mantidos no aviário exterior de janeiro a dezembro.

Houve uma relação de fase entre o crescimento testicular e a muda (cf. Fig. 3e - g). Depois que os testículos estavam totalmente aumentados, a muda começou tanto no corpo quanto nas penas primárias e progrediu com a regressão testicular. Houve alguma variabilidade entre as aves do grupo no momento do início da muda, mas em novembro a muda estava concluída em todas as aves. Assim, houve uma diferença significativa nas pontuações da muda das penas primárias do corpo e das asas ao longo do ano, com pontuações máximas em julho e agosto e pontuações mínimas em novembro (Fig. 3e,f).

As fêmeas de pardais apresentaram ganhos e perdas de massa corporal, à semelhança dos machos. Elas sofreram uma mudança significativa na massa corporal ao longo do ano (Fig. 4a). A massa corporal foi máxima em abril (massa corporal média = 22,9±0,4 g) e mínima em junho (massa corporal média = 21,3±0,6 g).

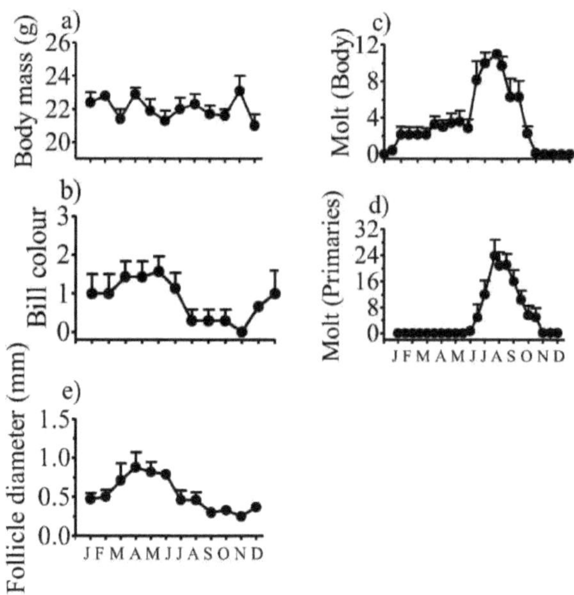

Figura 4: Média (± massa corporal (a), cor do bico (b), diâmetro dos folículos (c), pontuação da muda das penas do corpo (d) e pontuação da muda das penas primárias de voo de fêmeas de pardais domésticos mantidas no aviário exterior de janeiro a dezembro.

Os pardais tiveram um ciclo ovárico significativo representado pelo início do aumento folicular, progressão do crescimento folicular e depois regressão folicular (Fig. 4c). O ovário foi encontrado estimulado, mostrando folículos distintos em março (diâmetro folicular médio, FD = 0,71±0,22 mm). Os folículos aumentaram de tamanho em abril (DF médio = 0,88±0,19 mm), maio (DF médio = 0,82±0,13 mm) e junho (DF médio = 0,79±0,05 mm). Depois disso, os folículos regrediram em julho (FD médio = 0,46±0,12 mm) e em setembro todas as aves estavam completamente regredidas (FD médio = 0,3±0,0 mm).

O padrão de cor do bico não foi tão dramático como nos machos, mas houve uma mudança significativa ao longo do ano, e a cor do bico em geral seguiu o ciclo de crescimento folicular e regressão (cf. Figs. 4b,c). Durante os meses de setembro a novembro todas as aves tinham o bico cor de palha. A muda das penas primárias do corpo e das asas começou no início de maio e junho, respetivamente. Em julho, todas as aves estavam em muda. A muda do corpo estava completa em setembro, enquanto a muda das penas primárias estava completa um mês depois, em outubro.

Quando as duas partes do estudo foram comparadas (Fig. 5), a massa corporal foi significativamente mais elevada nos machos em cativeiro em janeiro (Fig. 5a) e nas fêmeas em fevereiro (Fig. 6a). Os testículos cresceram quase do mesmo tamanho em ambas as condições, mas os dois grupos diferiram na altura em que atingiram o pico de crescimento e desenvolvimento dos testículos (Fig. 7a). Enquanto as aves NDL tinham os testículos maiores em abril, as aves em cativeiro tinham os testículos maiores em maio (Fig. 7a). No entanto, tanto as aves NDL como as aves em cativeiro apresentaram o maior folículo em abril (Fig. 7b). Nos machos, em janeiro, fevereiro e de agosto a novembro, a cor do bico foi significativamente mais escura nas aves NDL do que nas aves em cativeiro (Fig. 5b). As fêmeas, por outro lado, não apresentaram uma diferença significativa entre as duas condições (Fig. 6b). A plumagem da cabeça era cinzenta escura em fevereiro, abril, junho e novembro nas aves NDL (Fig. 5c). Curiosamente, a plumagem do peito foi significativamente mais escura nas aves NDL em comparação com as aves de cativeiro durante todo o ano, exceto em julho e setembro (Fig. 5d).

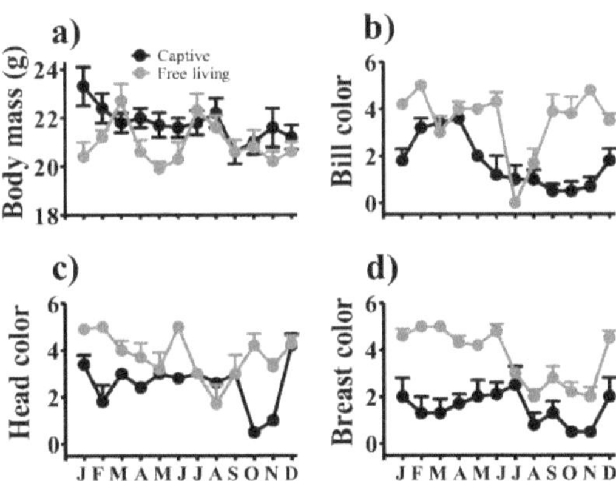

Figura 5: Média (±SE) da massa corporal (a), cor do bico (b), cor da plumagem da cabeça (c) e cor da plumagem do peito (d), dos pardais domésticos machos recolhidos mensalmente na natureza ou mantidos no aviário exterior de janeiro a dezembro.

Também houve um efeito significativo de ambas as condições (NDL versus cativos: massa corporal, cor do bico, cor da plumagem da cabeça, cor da plumagem do peito e a duração da experiência em todos os parâmetros, exceto no volume dos testículos. Os testículos mostraram um efeito significativo da duração da experiência e não da condição. As fêmeas também apresentaram uma diferença significativa semelhante. Embora a massa corporal tenha mostrado um efeito significativo da condição e não da duração, o aumento folicular mostrou um efeito significativo tanto do efeito da condição como da duração da experiência. A cor do bico nas fêmeas também mostrou efeito apenas da duração da experiência.

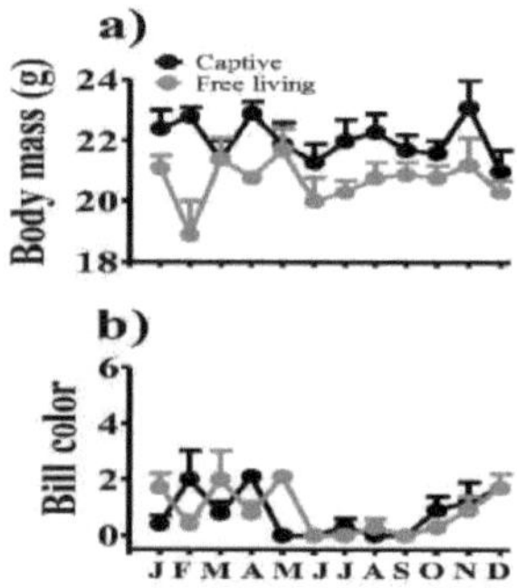

Figura 6: Média (±SE) da massa corporal (a) e da cor do bico (b), de fêmeas de pardais domésticos recolhidas mensalmente na natureza ou mantidas no aviário exterior de janeiro a dezembro

O presente estudo demonstra que ambos os sexos do pardal-doméstico têm essencialmente um padrão semelhante nos ciclos anuais de massa corporal, gónadas, muda e outros caracteres sexuais secundários, como a cor do bico e a plumagem nos machos. Neste local (27^0N, 81^0E), a precipitação anual é geralmente previsível e as monções aumentam a disponibilidade de alimentos em abundância, pelo que é razoável supor que a precipitação poderia atuar como um temporizador primário no controlo do ciclo reprodutivo das aves (Baker, 1938; Lack, 1950; Marshall, 1961; Immelmann, 1971; Thapliyal, 1978). No entanto, dado que as mudanças internas no sistema reprodutor das aves devem começar a funcionar pelo menos 6-8 semanas antes da reprodução efectiva, a precipitação não pode ser o fator primário, embora possa facilitar a reprodução, aumentando as hipóteses de acasalamento entre o sexo oposto e a criação da ninhada com o aumento da vegetação verde e as paisagens atractivas de lagos e piscinas (Misra, 1960).

Os diferentes ciclos sazonais, especialmente o ciclo de desenvolvimento gonadal, seguem de forma notável as alterações na duração do dia. Verificou-se uma ciclicidade menos clara na massa corporal, embora os indivíduos em cativeiro tenham registado um pequeno aumento da massa corporal antes do pico do desenvolvimento gonadal (cf. Figs. 1-3). Por exemplo, os machos e as fêmeas em cativeiro ganharam massa corporal em janeiro e fevereiro, respetivamente, enquanto o pico de desenvolvimento gonadal ocorreu em maio (embora o pico tenha sido menos claro nas fêmeas).

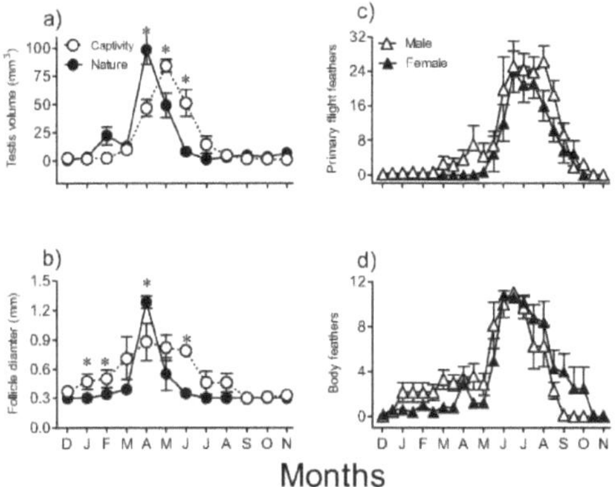

Figura 7: Volume médio (±SE) dos testículos (a), diâmetro dos folículos (b), e valores da muda das penas primárias de voo (c) e do corpo (d) de pardais domésticos machos e fêmeas recolhidos mensalmente na natureza ou mantidos no aviário exterior de dezembro a novembro. Em cativeiro, o pico de crescimento testicular foi atrasado em 4 semanas (a) e o crescimento folicular foi atenuado (b). Além disso, a forma da curva que reflecte o crescimento e a regressão dos ovários foi diferente entre os pardais selvagens e os pardais em cativeiro (b). Os asteriscos mostram uma diferença significativa ($P < 0{,}05$) na resposta entre as duas condições.

Assim, o primeiro pico na massa corporal foi antes da fase reprodutiva, como relatado em vários estudos anteriores (Thapliyal, 1968; Thapliyal, 1969, 1981; Thapliyal e Gupta, 1989, Thapliyal e Biur, 1992). No entanto, é interessante notar que também se registou um segundo pequeno pico em agosto, que coincide com o período de regressão gonadal e de muda tardia. Pode especular-se que as aves ganham peso no início do ano para satisfazer uma atividade fisiológica dispendiosa, ou seja, a reprodução, e no final do ano para satisfazer a energia necessária para a recuperação da fase pós-reprodutora e para apoiar a regeneração das penas e as actividades fisiológicas associadas ao início do ciclo anual seguinte.

Os testículos começaram a recrudescer em março/abril, quando a duração do dia estava a aumentar, mas depois os testículos começaram a regredir muito antes do solstício de verão, quando a duração do dia ainda estava a aumentar (Figs. 1 e 2). Inicialmente, considerou-se que este tipo de crescimento-regressão testicular não permitia que a duração do dia fosse um "motor" no controlo do ciclo testicular anual. No entanto, uma série de investigações iniciais sobre o controlo do ciclo reprodutivo anual

(Bissonnette, 1931; Burger, 1949; Farner, 1959; Murton e Westwood, 1977) estabeleceram que esta regressão gonadal, quando as aves ainda estão a passar por dias longos ou crescentes, se deve ao desenvolvimento de uma refractariedade aos efeitos estimulantes da duração do dia; a isto chama-se fotorefractariedade (Farner *et al.*,1983; Nicholls *et al.*, 1988). Este fenómeno pode também ser designado por diferentes nomes, dependendo da variável fisiológica envolvida. Por exemplo, os termos "refractariedade gonadal" e "refractariedade metabólica" são utilizados para descrever o fenómeno de fotorrefracção observado em relação às gónadas e à gordura corporal, respetivamente (Bissonnette, 1931; Burger, 1947; Farner e Mewaldt, 1955; King *et al.*, 1960). A fotorrefracção é considerada como uma fase adaptativa do ciclo anual, tendo sido registada nos ciclos anuais de várias aves (Hamner, 1968; Farner, 1962; Farner e Lewis, 1971; Lofts e Murton, 1968; Murton e Westwood, 1977; Kumar, 1997). Não se sabe exatamente como se desenvolve a fotorreactividade e, na ausência de uma etiologia exacta da fotorreactividade, uma explicação mecanicista pode ser que, após um período de intensa atividade gonadal, os mecanismos fisiológicos subjacentes ficam "fatigados" e, por isso, as aves necessitam de algum tipo de repouso fisiológico e o tempo intermédio é utilizado para se prepararem para recomeçar o ciclo anual seguinte. Vale a pena recordar que a impraticabilidade de uma estação reprodutiva contínua, que é um processo de vida dispendioso, está na base da evolução da sazonalidade nos vertebrados.

Os ciclos sazonais dependentes do comprimento do dia e o desenvolvimento da fotorrefracção nos ciclos anuais foram demonstrados em muitas espécies, incluindo várias espécies migratórias. Em brahminy myna *(Sturnus pagodarum)* não migratória, cujo ciclo sazonal foi estudado a 29^0N através da recolha mensal de aves em estado selvagem, os testículos começam a desenvolver-se em março/abril, atingem o seu pico em maio e permanecem desenvolvidos até julho, altura em que se dá a regressão; os testículos totalmente regredidos são encontrados em agosto/setembro (Kumar e Kumar, 1991). O tentilhão comum da Índia e o pardal de garganta amarela também apresentam uma sazonalidade clara nas gónadas (Kumar e Tewary, 1985; Tewary e Dixit, 1986; Tewary e Tripathi, 1985). Há algumas espécies migradoras que foram estudadas em condições de cativeiro no nosso laboratório. Numa dessas espécies, o bungeu-de-cabeça-preta, observado em cativeiro durante cerca de dois terços do ano, verificaram-se ciclos de crescimento e regressão na ingestão de alimentos, na massa corporal, no desenvolvimento testicular e na secreção de várias hormonas (tiroxina, hormona luteinizante [LH] e testosterona); estas mudanças sazonais acompanharam as mudanças anuais na duração do dia a 29^0N (Jain e Kumar, 1995). Do mesmo modo, o bunker-de-cabeça-vermelha sofre alterações dependentes do comprimento do dia na massa corporal e no desenvolvimento das gónadas (Tripathi, 1985). No entanto, estas duas espécies também sofrem de fotorefracção total.

Foi observado que um único fator ou um grupo de factores externos pode não explicar a reprodução sazonal em muitas espécies em que a geração do ritmo circanual é o mecanismo dominante de regulação da sazonalidade (Misra, 1948; Thapliyal, 1954, 1978; Gwinner, 1986). Misra *et al.* (2004) argumentaram que a sazonalidade é regulada tanto pelo fotoperiodismo (em que a totalidade ou uma fração do ciclo solar anual controla a sazonalidade) como pela geração do ritmo circanual (um ritmo interno auto-sustentado controla a sazonalidade), embora um deles possa atuar como mecanismo dominante numa espécie. Curiosamente, no entanto, os factores sociais não podem ser excluídos dos factores que influenciam a regulação da reprodução sazonal (Lewis e Orcutt, 1971). No presente estudo, há fortes indícios de que o cativeiro influenciou os ciclos sazonais, pelo menos no desenvolvimento das gónadas. Os machos em cativeiro atrasaram o pico de desenvolvimento das gónadas em um mês e as fêmeas em cativeiro reduziram a amplitude da ciclicidade ovárica (Fig. 7). Além disso, os picos gonadais eram mais largos nos pardais em cativeiro do que nos pardais selvagens. Em geral, as aves em cativeiro tinham uma janela de pico de crescimento maior do que as aves selvagens. Por exemplo, nas aves selvagens, o desenvolvimento gonadal foi limitado entre março e maio, ao passo que nas aves em cativeiro foi alargado entre março e julho/agosto (Fig. 7). Para além dos factores sociais, podem existir vários outros factores fisiológicos que podem influenciar a sazonalidade em cativeiro. Um deles é o efeito induzido pelo stress no eixo hipotálamo-hipofisário-gonadal (Whittow, 2000). O segundo é o crescimento submáximo dos folículos ováricos na ausência de factores suplementares (Farner e Lewis, 1971; Wingfield e Farner, 1993) e, por conseguinte, o fracasso do acasalamento e a ausência de sinais pós-reprodutivos para terminar a época reprodutiva. De entre os vários factores suplementares, Kumar e os seus colegas (2001) descobriram que a alimentação pode ser um fator dominante no início da recrudescência testicular no bunker fotoperiódico de cabeça preta. Nas suas experiências, os búteos que foram alimentados durante 5 h no último terço da fase luminosa de 16 h (hora 11 a hora 16 do dia) tiveram um crescimento testicular reduzido para metade, em comparação com os que foram alimentados durante 5 h desde o início da fase luminosa (hora 0 a hora 5 do dia) ou durante 5 h a meio do dia (hora 5,5 a hora 10,5 do dia).

O padrão dos caracteres sexuais secundários, como as mudanças nas cores do bico e da plumagem, seguiu o desenvolvimento das gónadas. Uma vez que os machos desenvolvem um bico preto escuro e uma plumagem brilhante, que dependem dos androgénios e da LH, respetivamente (Thapliyal e Tewary, 1961; Thapliyal, 1981; Thapliyal e Gupta, 1989; Lal e Pathak, 1987), foi possível observar uma correlação entre o crescimento dos testículos e a cor do bico e da plumagem no presente estudo (Figs. 1 e 2). No entanto, o facto de o bico dos machos ser relativamente escuro em alguns meses, quando os testículos eram pequenos, e de as fêmeas também apresentarem um bico ligeiramente mais escuro em alguns meses do que nos outros (cf. Figs. 1 e 2) sugere que outros factores para além das hormonas, nomeadamente a dieta, podem contribuir para a coloração do bico. É também provável que os androgénios da glândula adrenal contribuam para a cor do bico nos machos durante os meses não reprodutivos e nas fêmeas durante os meses progressivos do ano (Figs. 1 e 2). Além disso, os pardais passaram por uma clara muda pós-nupcial, um marcador claro do fim da época de reprodução. Tanto os machos como as fêmeas apresentaram muda nas penas do corpo e nas primárias das asas, que se seguiu à regressão gonadal. Em geral, não houve diferença no padrão de muda entre os sexos, embora nas fêmeas as primárias das asas tendam a apresentar muda um pouco mais tarde do que as penas do corpo.

Os ciclos gonadais anuais são divididos em quatro fases distintas: preparatória, progressiva, reprodutiva e regressiva (Thapliyal, 1954; Singh, 1958, 1959; Prasad, 1959, 1965; Dominic, 1960; Wolfson, 1960a,b; Saxena, 1964; Tewary e Thapliyal, 1962; Tewary, 1967; Kumar e Tewary, 1982a, 1985). No entanto, a duração destas fases pode variar consoante a espécie. Há também alguns que dividem o ciclo reprodutivo em apenas três fases. Por exemplo, Marshall (1961) incluiu a fase regressiva e a fase preparatória numa só fase e chamou às três fases do ciclo reprodutivo anual as fases de regeneração, aceleração e culminação. Neste estudo, não incluímos o estudo histológico das gónadas, mas a partir do tamanho das gónadas, que se considera refletir o somatório da atividade gametogénica ao longo do tempo (Lofts, 1975), parece que o ciclo de desenvolvimento das gónadas dos pardais pode ser descrito em quatro fases diferentes: progressiva (dezembro a fevereiro), reprodutiva (março a maio), regressiva (junho a agosto) e preparatória (setembro a novembro).

O presente estudo não corrobora as observações anteriores de Sarkar e Ghosh (1964), segundo as quais a época de reprodução dos pardais domésticos dura dez meses por ano. As figuras 1-3 mostram claramente que, a 27^0N, 81^0E, tanto os pardais selvagens como os pardais em cativeiro registam uma sazonalidade precisa, embora com uma diferença de amplitude, cujas razões foram especuladas nos parágrafos anteriores. Por conseguinte, o conceito de duas épocas de reprodução num ano não parece existir nos pardais domésticos que habitam em Lucknow e arredores, na Índia (a 27^0 N, 81^0E). A diferença entre o nosso estudo e os de outros que referem uma época de reprodução mais longa ou duas épocas de reprodução do pardal doméstico não é surpreendente. Num artigo muito recente, Moore e os seus colegas (2004) especularam que o faseamento temporal do ciclo sazonal do pardal de colarinho vermelho *(Zonotrichia capensis)* pode mudar entre as populações que habitam a apenas 25 km de distância.

Em conclusão, os pardais domésticos que habitam a 27^0N, 81^0E mostram uma sazonalidade distinta no desenvolvimento gonadal, na muda e noutros caracteres sexuais secundários. No entanto, a sazonalidade da massa corporal foi menos dramática. Existe algum efeito do cativeiro na reprodução, pelo que será interessante efetuar experiências comparativas com populações de pardais domésticos que vivem com humanos e que vivem na natureza. Parece que a duração do dia está envolvida na regulação dos ciclos sazonais e, nas secções II e III, uma série de experiências aborda esta questão.

4. INDUÇÃO FOTOPERIÓDICA DE RESPOSTAS SAZONAIS

Este capítulo aborda a questão de saber se a indução fotoperiódica de respostas sazonais no pardal partilha as mesmas caraterísticas básicas mostradas pela sua população temperada, que tem sido amplamente investigada. Foram realizados três estudos com observações registadas sobre alterações na massa corporal, cores do bico e da plumagem e tamanho das gónadas no início e no fim da experiência e em intervalos durante a experiência. O estudo 1 examinou se havia uma alteração anual na capacidade de resposta do sistema de resposta fotoperiódica dos pardais domésticos a dias longos. Todos os meses, durante um período de 12 meses, os pardais foram transferidos para comprimentos de dia longos (16L:8D) durante 17 a 26 semanas. Verificou-se uma alteração sazonal na reatividade a comprimentos de dia longos em ambos os sexos. O estudo 2 investigou se a luz disponível durante os períodos crepusculares pode induzir a regressão testicular. Dos dois grupos de machos adultos com gónadas grandes, um grupo permaneceu no aviário de meados de abril a meados de junho, tendo sido submetidos a períodos de luz natural, mas o outro grupo foi retirado do aviário ao nascer do sol e regressou ao aviário ao pôr do sol. Ao contrário das aves que passaram por NDL durante todo o dia e sofreram regressão testicular na semana 9, as aves expostas a NDL menos o período de luz do dia não apresentaram regressão testicular. O Estudo 3, em duas sub-experiências, estudou a resposta a longo prazo de pardais machos a vários fotoperíodos para compreender a dinâmica do seu sistema de resposta fotoperiódica. No estudo 3A, as aves foram sujeitas a dias curtos (9L:15D), dias equinociais (12L:12D) e dias longos (15L:9D), enquanto no estudo 3B, as aves foram sujeitas a fotoperíodos com períodos crescentes de luz diária, tais como 2L:22D, 6L:18D, 10L:14D, 14L:10D, 18L:6D e 22L:2D. Parece que o sistema de resposta fotoperiódica do pardal doméstico é um sistema altamente dinâmico e partilha as mesmas caraterísticas básicas exibidas pela sua população temperada. .

Quase todos os organismos que foram objeto de investigação são sensíveis à luz. E em muitos organismos, especialmente os que vivem longe do equador, o ciclo solar anual tem influenciado várias funções sazonais (Murton e Westwood, 1977; Thapliyal, 1981; Hoffman, 1981). No equador, onde as variações da luz diária são pequenas, as variações da intensidade da luz diurna ao longo das estações podem influenciar as respostas sazonais (Gwinner e Scheuerlein, 1998). Entre os vertebrados, as aves apresentam ciclos sazonais pronunciados em várias funções comportamentais e fisiológicas, e várias delas são influenciadas por alterações anuais na duração do dia (ver secção I).

As aves foram os primeiros vertebrados em que foi demonstrado o papel da duração do dia (= fotoperíodo) no controlo das funções sazonais. O facto de o fotoperíodo (= duração do dia) poder atuar como uma informação temporal remonta ao século XVIII, quando os criadores de redes holandeses se aperceberam de que o canto associado à atividade reprodutora podia ser induzido nos machos de várias espécies de passeriformes, mantendo-os primeiro na escuridão de maio a agosto e regressando depois à duração natural do dia (citado em Hoos, 1937). No entanto, durante quase duzentos anos não houve qualquer investigação científica. No final do primeiro quartel do século XX, William Rowan (1925) demonstrou experimentalmente o papel da duração do dia no desenvolvimento gonadal de uma espécie de passeriforme, o junco de cor ardósia (*Junco hyemalis*). Numa série de investigações subsequentes, estabeleceu que a migração vernal e a recrudescência gonadal podiam ser induzidas fora de época através da exposição de aves em laboratório a comprimentos de dia crescentes (Rowan, 1926, 1928, 1929, 1932). Nas últimas sete décadas, o papel do fotoperíodo no controlo dos ciclos sazonais foi demonstrado, tanto em latitudes baixas como altas, em cerca de seis dúzias de espécies pertencentes a 15 famílias diferentes. Espera-se que o papel do comprimento do dia no controlo das respostas sazonais seja descoberto em muitas outras espécies no futuro.

Alguns dos exemplos notáveis de espécies de aves em que o papel da duração do dia no controlo das respostas sazonais é investigado com algum pormenor são

Emberiza melanocephala (Kumar e Tewary, 1982a, 1983; Tewary e Kumar, 1982)

Munia de cabeça preta, *Munia malacca malacca* (Thapliyal e Saxena, 1964a; Pandha e Thapliyal, 1969; Chandola *et al.*, 1973)

Periquito de cabeça florida, *Psittacula cyanocephala* (Maitra, 1986)

Gaio-azul, *Cyanocilta cristata* (Bissonnette, 1936)

Brahminy myna, *Sturnus pagodarum* (Kumar e Kumar, 1991, 1993)

Canárias, *Serinus canarius* (Storey e Nicholls, 1976)

Pintassilgo comum da Índia, *Carpodacus erythrinus* (Kumar e Tewary, 1982b, Tewary *et al.*, 1983)

Myna comum, *Acridotheres tristis* (Chaturvedi e Thapliyal, 1979)

Melophus lathami, *Melophus lathami* (Tewary e Kumar, 1983a)

Corvos, *Corvus macrorhynchos, Corvus splendens* (Prasad, 1965)

Pombas, *Streptopelia tranquebarica, Streptopelia senegalensis* (Singh, 1958) Lagartixa de Svalbard, *Lagopus mutus hyperboreus* (Stokkan *et al.*, 1986)

Pinguins-imperador, *Aptenodytes forsteri* e pinguins-de-adélia, *Pygoscelis adelia* (Groscolas *et al.*, 1986)

Estorninho europeu, *Sturnus vulgaris* (Bissonnette, 1931; Bullough, 1942; Burger, 1947, 1953; Schwab, 1971; Rutledge e Schwab, 1974; Dawson, 1994)

Chapim-real, *Parus major* e chapim-salgueiro, *Parus montanus* (Silverin *et al.*, 1989)

Tentilhão-verde, *Chloris chloris* (Murton *et al.*, 1970a)

Pardal doméstico, *Passer domesticus* (Riley, 1936; Bartholomew, 1949; Threadgold, 1960; Murton *et al.*, 1970, 1970b; Murton e Westwood, 1974; Prasad, 1980; Farner *et al.*, 1977, 1981; Dawson, 1991, 1998)

Pintassilgo, *Carpodacus mexicanus* (Hamner, 1968)

Ave tecelã indiana, *Ploceus philippinus* (Thapliyal e Saxena, 1964b; Thapliyal e Tewary, 1964)

Codorniz japonesa, *Coturnix cotrunix japonica* (Follett e Maung, 1978; Robinson e Follett, 1982; Follett e Pearce-Kelly, 1990)

Lal munia, *Estrilda amandava* (Tewary e Thapliyal, 1962, 1965; Thapliyal e Tewary, 1963).

Junco do Oregon, *Junco oreganos* (Wolfson, 1940, 1942, 1945).

Bico-de-papagaio-vermelho, *Loxia curivrostra* (Hahn, 1995)

Pintassilgo-de-cabeça-vermelha, *Emberiza bruniceps* (Prasad, 1980; Tripathi, 1985).

Melro de asa vermelha, *Agelaius phoenicus* (Beletsky *et al.*, 1992)

Junco colorido de ardósia, *Juncos hyemalis* (Rowan, 1925, 1926, 1928, 1929, 1932;

Saldanha *et al.*, 1994).

Munia manchada, *Lonchura punctulata* (Chandola *et al.*, 1975; Thapliyal *et al.*, 1975).

Hylophylax naevioides (Hau *et al.*, 1998)

*Saxicola torquata (*Gwinner e Dittami, 1984; Dittami e Gwinner, 1985)

Pardais das árvores, *Passer montanus* (Lal e Pathak, 1987); *Spizella arborea* (Wilson, 1991)

Pintassilgo, *Quelea quelea* (Disney e Marshall, 1956, 1959)

Pardal de coroa branca, *Zonotrichia leucophrys gambelii* (Blanchard, 1941;

Blanchard e Erickson, 1949; Oakeson, 1954; Oakeson e Lilley, 1960; Farner e Wilson, 1957; Farner, 1962; Farner *et al.*, 1981)

Cegonha branca, *Ciconia ciconia* (Hall *et al.*, 1987)

Pardal de garganta branca, *Zonotrichia albicollis* (Meier, 1976)

Bico-de-lacre, *Loxia leucoptera* (Deviche e Small, 2001)

Uma revisão do fotoperiodismo aviário é uma tarefa difícil, tendo em conta o interesse significativo neste domínio de investigação nas últimas décadas. As extensas investigações efectuadas neste domínio foram repetidamente revistas (ver especialmente Burger, 1949; Aschoff, 1955; van

Tienhoven, 1961; Farner, 1959, 1964, 1970, 1975, 1976, 1977; Farner e Follett, 1966, 1979; Farner e Lewis, 1971; Farner e Wingfield, 1978, 1980; Farner *et al.*, 1977; Epple *et al*, 1972; Lofts, 1975; Lofts e Lam, 1973; Lofts e Murton, 1973; Lofts *et al.*, 1970; Chandola *et al*, 1973; Follett, 1973a,b, 1984; Lewis, 1975; Dolnik, 1975; Meier, 1976; Murton e Westwood, 1977; Turek e Campbell, 1979; Wingfield e Farner, 1980; Thapliyal, 1981; Chandola *et al.*, 1985; Kumar, 1997; Gwinner e Hau, 2000; Hau, 2001; Rani *et al.*, 2001, 2002).

Acreditava-se e era apoiado por estudos iniciais que o fotoperiodismo era um fenómeno regulador das aves que se reproduziam em latitudes elevadas (40-70^{0}N), onde a amplitude do ciclo de duração do dia é elevada. Em latitudes baixas, com uma amplitude relativamente pequena do ciclo de duração do dia, é possível que a duração do dia não sirva de pista primária para a regulação da sazonalidade (Immelmann, 1971). Este raciocínio tendencioso levou, até há pouco tempo, a que um número mais reduzido de espécies fosse investigado quanto à regulação fotoperiódica dos ciclos sazonais, por exemplo a reprodução sazonal. No entanto, foram acumuladas algumas provas experimentais significativas que sugerem que o ambiente fotoperiódico pode ser igualmente importante nestas espécies de baixa latitude (Brown e Rollo, 1940; Rollo e Domm, 1943; Vaugien, 1954; Marshall e Disney, 1956; Wolfson e Winchester, 1959; Disney *et al,* 1961; Thapliyal e Tewary, 1963, 1964; Thapliyal e Saxena, 1964a,b; Immelmann, 1971; Epple *et al.*, 1972; Chandola *et al.*, 1973; Prasad, 1980; Singh e Chandola, 1981; Tewary e Tripathi, 1985; Tewary e Dixit, 1986). Algumas das espécies investigadas também estão listadas acima.

Todas as espécies indianas que foram investigadas experimentalmente até à data, incluindo as migradoras que hibernam na Índia, são fotossensíveis, embora possam apresentar respostas diferentes ao fotoperíodo. Com base nas respostas fotoperiódicas, podem ser feitas as seguintes categorias.

Categoria a): As durações longas do dia (por exemplo, 15L:9D) induzem o crescimento e o desenvolvimento gonadal, enquanto as durações curtas do dia (fotoperíodos inferiores a 9 h por dia) são ineficazes ou inibidoras. Exemplos: Pássaro tecelão indiano (Thapliyal e Saxena, 1964b; Thapliyal e Tewary, 1964; Singh e Chandola, 1981; Chakravorty e Chandola, 1985), papa-moscas-de-cabeça-vermelha (Prasad, 1980; Tewary e Tripathi, 1983; Rani, 1999), papa-moscas-de-cabeça-preta (Tewary e Kumar, 1982; Misra *et al*, 2004), o pintassilgo comum da Índia (Kumar e Tewary, 1982b; Tewary *et al.,* 1983), o bico-de-papagaio-de-crista (Tewary e Kumar, 1983a), o pardal de garganta amarela (Tewary e Tripathi, 1985; Tewary e Dixit, 1986) e o mina-brahminy (Kumar e Kumar, 1991, 1993).

Categoria b): Tanto os dias longos como os curtos (por exemplo, 15L:9D e 9L:15D) podem induzir o desenvolvimento gonadal. Exemplo: Munia de cabeça preta, *Munia malacca malacca* (Thapliyal e Saxena, 1964a; Pandha e Thapliyal, 1969; Chandola *et al.*, 1973).

Categoria c): As durações curtas do dia (por exemplo, 9L:15D) induzem o desenvolvimento gonadal, mas a função hipofisária, indicada pelo crescimento da plumagem dependente de LH, é activada por durações longas do dia (por exemplo, 15L:9D). Exemplo: Lal munia, *Estrilda amandava* (Thapliyal e Tewary, 1963; Tewary e Thapliyal, 1965; Tewary, 1967).

Categoria d): Fotoperíodos muito curtos (por exemplo, 3L:21D) podem induzir o desenvolvimento gonadal. Exemplo: Munia manchada, *Lonchura punctulata* (Chandola *et al.*, 1975; Thapliyal *et al.*, 1975).

Quando se encontram em estado selvagem, as aves registam alterações graduais na duração e intensidade da luz diária ao longo das várias estações. Isto exige que estejam equipadas com um sistema endógeno, que é dinâmico e pode ler pequenas alterações na duração do dia que ocorrem com cada dia, semana ou mês que passa. A dinâmica do sistema de resposta fotoperiódica pode ser estudada experimentalmente submetendo os pardais a regimes de luz controlados. Follett e Maung (1978) referiram pela primeira vez uma relação entre a duração do fotoperíodo e a taxa de indução do crescimento dos testículos na codorniz japonesa. O crescimento testicular foi 50% mais lento nas codornizes expostas a 12L:12D do que nas expostas a fotoperíodos mais longos, como 14L:10D, 16L:8D e 20L:4D. Foi induzida uma resposta testicular quase normal em 13L:11D.

Uma caraterística interessante da indução dependente do comprimento do dia é o desenvolvimento de um período de insensibilidade aos comprimentos do dia que foram inicialmente estimulantes. (Esta situação é descrita como fotorefractariedade, caracterizada pela regressão espontânea das gónadas sob exposição contínua a fotoperíodos estimulantes. Uma situação idêntica pode ocorrer também noutros processos induzidos pelo fotoperíodo, como a deposição-depleção de gordura (Farner *et al.*, 1983; Nicholls *et al.*, 1988; Kumar, 1997). A fotorrefracção é dissipada por dias de inverno na natureza e por dias curtos em condições laboratoriais (Farner *et* al., 1983; Nicholls *et al.*, 1988; Kumar, 1997). A fotorrefracção é uma fase adaptativa e vantajosa do ciclo anual de um vertebrado. Limita a reprodução de uma espécie à época do ano mais adequada, assegurando o máximo sucesso reprodutivo, permite tempo suficiente para a reposição das reservas de energia para as actividades de manutenção pós-criação, como a muda pós-nupcial e a preparação para a migração (Farner, 1964; Farner e Follett, 1966, 1979), e evita o desperdício do potencial reprodutivo (Farner e Lewis, 1971).

Após os estudos pioneiros de Bissonnette e Wadlund (1932) e Riley (1936), a presença de fotorreactividade foi registada em várias aves fotoperiódicas temperadas e tropicais (ver especialmente Burger, 1949; Miller, 1949; Vaugien, 1954; Hamner, 1968; Farner e Follett, 1966; Farner e Lewis, 1971; Lofts e Murton, 1968; Immelmann, 1971; Epple *et al*, 1972; Tewary e Kumar, 1982; Kumar e Tewary, 1982b; Kumar e Kumar, 1991, 1993). No entanto, há espécies que podem ser mantidas em estado de estimulação gonadal em condições de iluminação artificial durante mais tempo (Wilson *et al.*, 1961; Oksche *et al.*, 1963; Thapliyal e Saxena, 1964b; Lofts e Murton, 1968).

A etiologia da fotorefractariedade não é clara. Uma vez que os castrados se tornam fotorefractários da mesma forma que os intactos, o feedback gonadal parece não estar envolvido. Alguns estudos sugerem que o local da fotorrefracção se situa no cérebro (Farner, 1975; Wingfield *et al.*, 1979). Há também provas de que a indução fotoperiódica e a fotorreacção são acompanhadas de alterações na regulação da síntese e da libertação da hormona libertadora de gonadotropinas (GnRH) e das gonadotropinas associadas, a hormona luteinizante (LH) e a hormona folículo-estimulante (FSH) (Nicholls *et al.*, 1988; Ball e Bentley, 2000). Numa ave fotoperiódica, a produção e libertação de GnRH é iniciada a uma taxa baixa durante os dias curtos do inverno e do início da primavera, quando as aves são descritas como estando no estado reprodutivo fotossensível não estimulado. Assim, o termo fotossensível subentende que o eixo reprodutor é capaz de responder ao aumento da duração do dia na primavera, sintetizando e libertando uma maior quantidade de GnRH, o que, por sua vez, resulta no crescimento e desenvolvimento das gónadas, conduzindo à maturidade reprodutiva completa. Quando a duração do dia ultrapassa o seu limiar de indução fotoperiódica, o processo neural parece entrar em ação, resultando na cessação da reprodução (Wilson e Reinert, 2000). Nesta altura do ciclo anual, a síntese e libertação de GnRH é muito atenuada e, consequentemente, as gónadas regridem e segue-se uma muda completa das penas.

O pardal doméstico é uma espécie fotossensível amplamente investigada (ver acima). Uma vez que o fotoperiodismo é um mecanismo evolutivo, procurámos investigar se o fotoperiodismo no pardal doméstico partilha as mesmas caraterísticas básicas que as demonstradas pela sua população temperada, que tem sido amplamente investigada. Os objectivos específicos dos estudos incluídos nesta secção são apresentados abaixo nas respectivas experiências.

O estudo foi efectuado com machos adultos ou com machos e fêmeas adultos. As três experiências seguintes foram realizadas com aves capturadas localmente e aclimatadas às condições de cativeiro no aviário exterior durante pelo menos 4 dias. As observações sobre as alterações da massa corporal, do volume testicular e do diâmetro dos folículos, da cor do bico e da cor da plumagem da cabeça e do peito foram registadas no início e no fim da experiência e a intervalos adequados durante a mesma. Em particular, nas experiências em que se registou a muda das penas primárias das asas e das penas do corpo, as observações foram feitas quinzenalmente.

Experiência 1: Sazonalidade na resposta induzida por dias longos

Esta experiência examinou se havia uma mudança sazonal na reatividade do sistema de resposta fotoperiódica dos pardais domésticos a dias longos. Durante um período de 12 meses, de dezembro de 2001 a novembro de 2002, todos os meses (durante a segunda ou terceira semana do mês), um grupo de pardais adultos machos e fêmeas que foram recolhidos localmente na natureza e aclimatados a condições de aviário exterior em cativeiro foram transferidos para comprimentos de dia longos (16L:8D) durante 17 a 26 semanas. Foram efectuadas observações sobre as alterações da massa corporal, das cores do bico e da plumagem e do tamanho das gónadas no início e no fim da experiência e a intervalos adequados durante a mesma.

Experiência 2: Efeito do crepúsculo no fotoperiodismo dos pardais

A experiência investigou se a luz disponível durante os períodos crepusculares do dia é um componente crucial do fotoperiodismo aviário, o papel do período crepuscular na regressão testicular. Foram utilizados neste estudo dois grupos de pardais adultos machos capturados localmente e aclimatados durante 4 dias. As aves do grupo 1 foram alojadas numa gaiola (tamanho = 45 x 25 x 25 cm) e mantidas no aviário durante o período natural do dia (NDL), mas as aves do grupo 2 foram retiradas do aviário à hora do nascer do sol e devolvidas ao aviário à hora do pôr do sol. Assim, o grupo 2 foi privado de experimentar a luz do dia desde o nascer ao pôr do sol. As observações das alterações da massa corporal, das cores do bico e da plumagem e do tamanho dos testículos foram registadas no início e no fim da experiência.

Experiência 3: Resposta fotoperiódica a longo prazo

Este estudo resume a resposta dos pardais domésticos a vários fotoperíodos para compreender a dinâmica do seu sistema de resposta fotoperiódica. Este objetivo foi alcançado através de duas sub-experiências, que utilizaram apenas aves adultas machos.

Experiência 3A: As aves selvagens capturadas e aclimatadas durante 4 dias foram sujeitas a dias curtos (grupo 1: 9L:15D, próximo da duração do dia que os pardais experimentam no inverno), dias equinociais (grupo 2: 12L:12D, próximo da duração do dia que os pardais experimentam no equinócio) e dias longos (grupo 3: 15L:9D, próximo da duração do dia que os pardais experimentam no verão) durante um período de 35,5 semanas. As observações sobre alterações na massa corporal, tamanho das gónadas, cores do bico e da plumagem foram registadas no início e no fim da experiência, e em intervalos repetidos de 4 semanas durante a experiência. No entanto, a muda das penas do corpo e das primárias das asas foi efectuada quinzenalmente.

Experiência 3B: Grupos de aves selvagens capturadas e aclimatadas durante 4 dias foram expostos a diferentes fotoperíodos com períodos crescentes de luz diária, tais como 2L:22D (grupo 1), 6L:18D (grupo 2), 10L:14D (grupo 3), 14L:10D (grupo 4), 18L:6D (grupo 5) e 22L:2D (grupo 6). Enquanto os grupos 1-3 foram observados quanto à sua resposta durante 31 semanas, os grupos 4-6 foram observados apenas durante 21 semanas. Os últimos grupos foram observados durante menos tempo, uma vez que completaram os seus ciclos de iniciação-regressão mais cedo, em comparação com os grupos anteriores. As observações das alterações da massa corporal, das cores do bico e da plumagem e do tamanho das gónadas foram efectuadas no início e no fim da experiência e a intervalos adequados durante a mesma.

Experiência 1: Sazonalidade na resposta induzida por dias longos

De um modo geral, verificou-se uma sazonalidade na reação aos dias longos.

Massa corporal (macho): Registou-se um aumento significativo da massa corporal nas aves sujeitas a 16L:8D em dezembro e janeiro, nas 4 semanas seguintes à exposição (inicial vs. semana 4; Fig. 8a). Também se verificou um ganho significativo de massa corporal nas aves sujeitas a dias longos em junho (Fig. 8b), agosto e novembro (Fig. 8c), embora o momento do primeiro aumento significativo tenha sido adiado para 17 semanas em junho e para 13 semanas nas aves de agosto e novembro, respetivamente. Em contrapartida, verificou-se uma perda significativa de massa corporal nas aves de fevereiro, março, abril e maio, tendo a primeira diminuição significativa em relação ao valor inicial ocorrido após a semana 22-25 (Fig. 8a,b). As aves de julho, setembro e outubro, no entanto, sofreram apenas pequenas variações na massa corporal (Fig. 8b,c).

Massa corporal (fêmea): Houve um ganho significativo de massa corporal em todos os meses, exceto nos meses reprodutivos de março a junho (Fig. 8d-f). Em todos estes meses, o primeiro ganho significativo de massa corporal foi encontrado após 4 semanas, exceto em novembro, quando foi encontrado após 8,5 semanas. Por outro lado, durante o período de março a junho, ocorreu uma variação significativa da massa corporal ao longo do período da experiência, embora a massa corporal média nas diferentes observações não fosse estatisticamente diferente da massa corporal inicial.

Testes: Os pardais sofreram alterações significativas no tamanho das gónadas (crescimento ou regressão, dependendo da altura do ano) quando expostos durante 17 a 26 semanas a dias longos (16L:8D) todos os meses durante um período de 12 meses. Durante os meses de dezembro a março, os testículos aumentaram de tamanho nas primeiras 4 a 9 semanas de 16L:8D (Fig. 9a), e depois regrediram. Nos pardais de abril, quando já tinham testículos recrudescidos (TV = 93,77 ± 12,10 mm3), o 16L induziu primeiro um maior crescimento (TV = 131,7 ± 14,0 mm3, P < 0,001, teste de Newman-Keuls) e depois uma regressão abrupta (Fig. 9b). O 16L não impediu a regressão testicular nas aves de maio; estas regrediram completamente ao fim de 9 semanas de exposição (Fig. 9b). Os pardais de junho e julho estavam parcialmente recrudescidos em 17 semanas (Fig. 9b). As aves de agosto mostraram um pequeno início de crescimento dos testículos, mas nas aves de setembro a novembro, o crescimento total dos testículos ocorreu em 4 semanas; isto indicou que, por esta altura, a fotorrefracção foi completamente quebrada (Fig. 9c). Ocorreram alterações significativas semelhantes no diâmetro folicular em todos os meses do ano, exceto em junho (Figs. 9d-f).

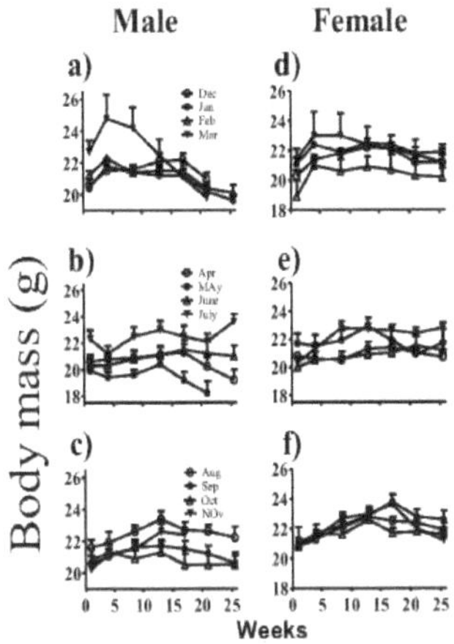

Figura 8. Massa corporal média (±SE) de machos (a-c) e fêmeas (d-f) de pardais domésticos recolhidos na natureza todos os meses e transferidos para 16 horas de luz :8 horas de escuridão (16L:8D) de janeiro a dezembro durante um período de 17 a 26 semanas. Os dados são apresentados em grupos de 4 meses por motivos de clareza. Verificou-se um efeito da época do ano no ganho e na perda de massa corporal em 16L:8D.

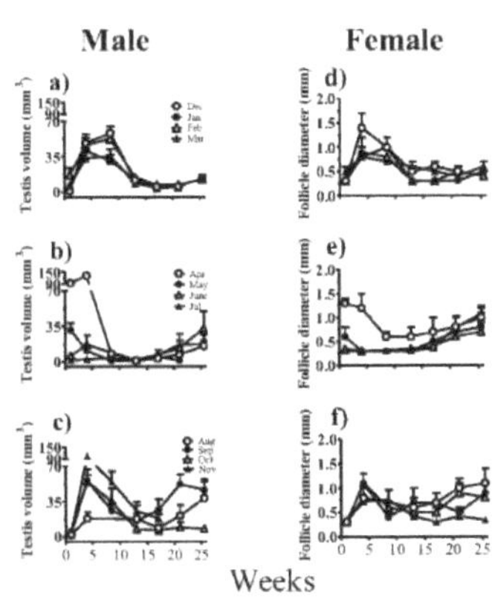

Figura 9. Média (±SE) do volume dos testículos (a-c) e do diâmetro dos folículos (d-f) de pardais domésticos (n = 5 - 9 cada) recolhidos na natureza todos os meses e transferidos para 16 horas de luz :8 horas de escuridão (16L:8D) de dezembro de 2002 a novembro de 2003 durante um período de 17 a 26 semanas. Os dados estão representados em grupos de 4 meses por uma questão de clareza. Verificou-se um efeito da época do ano na resposta gonadal a 16L:8D, o que sugere que os mecanismos fisiológicos subjacentes ao ciclo reprodutivo dos pardais domésticos sofreram alterações sazonais.

Diâmetro dos folículos: O crescimento ovariano ocorreu sob 16L:8D após 4 a 9 semanas de exposição em aves de dezembro, janeiro, abril, setembro e outubro (Fig. 9d-f). Em agosto, o crescimento folicular foi lento, tendo ocorrido um aumento folicular significativo no final da experiência. Embora não tenha havido um aumento significativo dos folículos nas aves de fevereiro, março e novembro em comparação com o seu diâmetro inicial, a regressão subsequente produziu alterações globais significativas durante a experiência. Nas aves de maio, os folículos em regressão (diâmetro médio dos folículos = 0,6±0,2 mm) continuaram a regredir, tendo sido atingido o tamanho mínimo dos folículos no final da experiência. O crescimento folicular foi muito lento em junho e não foi significativo até ao final da experiência. No entanto, nas aves de julho, o tempo necessário para apresentar o primeiro aumento significativo foi de cerca de 22 semanas.

Cor do bico (macho): As aves de dezembro a junho tinham o bico mais escuro no início e não escureceram mais (Fig. 10a,b). Em vez disso, o bico destas aves tornou-se significativamente mais claro. O tempo que demorou a registar uma perda significativa da cor do bico nos diferentes meses foi o seguinte: dezembro, 17 semanas; janeiro, 13 semanas; fevereiro, 9 semanas; março, 17 semanas; abril, 9 semanas; maio, 4 semanas; junho, 4 semanas. Nas aves de julho, cujo bico era cor de palha no início, o bico tornou-se significativamente mais escuro; na 26ª semana, todas as aves tinham o bico significativamente mais escuro do que no início do

(Fig.10a,b,c). O grupo de agosto, no qual o bico também era muito pouco colorido no início (escore médio = 1,7±0,6), não apresentou mudança significativa na cor do bico durante todo o período do experimento. Nos últimos três meses do estudo, de setembro a novembro, no entanto, houve perda progressiva da cor do bico.

Cor do bico (fêmea): A cor do bico das fêmeas nunca foi muito escura (Fig. 10d-f). No entanto, notou-se uma pequena mudança na coloração do bico nas aves de diferentes meses. O bico tornou-se relativamente mais escuro nas aves de janeiro, julho e agosto, e a primeira diferença significativa em relação aos iniciais nestes meses foi encontrada após 4, 26 e 22 semanas, respetivamente. A cor do bico desvaneceu-se nas aves de dezembro, fevereiro e abril e, mais uma vez, a primeira diferença significativa em relação às iniciais verificou-se ao fim de 9, 4 e 9 semanas, respetivamente. Nos outros meses, a cor do bico não sofreu qualquer alteração significativa. As aves de junho com bico completamente cor de palha mantiveram um aspeto quase semelhante até ao fim da experiência.

Cor da plumagem (macho): A plumagem da cabeça não sofreu nenhuma mudança dramática na cor das aves que foram submetidas a dias longos em dezembro, março, setembro e novembro (Fig. 11a-c). Em agosto, houve uma mudança significativa na cor das penas da cabeça devido à perda drástica de cor na semana 22 (Fig. 11c). Em contrapartida, as penas da cabeça tornaram-se significativamente mais claras nas aves nos restantes meses deste estudo. O tempo necessário para produzir um desbotamento significativo da cor nos diferentes meses foi o seguinte: janeiro, 26 semanas; fevereiro, 22 semanas; abril, 9 semanas; maio, 9 semanas; junho, 25,5 semanas; julho, 22 semanas; e outubro, 17 semanas (Fig. 11a-c).

A cor das penas do peito desvaneceu-se nas aves de dezembro a julho, e o tempo necessário para mostrar uma perda significativa de cor nos diferentes meses foi o seguinte: dezembro, 22 semanas; janeiro, 17 semanas; fevereiro, 13 semanas; março, 17 semanas; abril, 22 semanas; maio, 13 semanas; junho, 26 semanas; julho, 9 semanas (Fig.11d-f). Houve uma resposta mista, um pequeno ganho e uma pequena perda de cor com uma diferença globalmente significativa, nas aves de agosto e outubro. No entanto, não se registou qualquer alteração na cor das aves de setembro e novembro.

Experiência 2: Efeito do crepúsculo no fotoperiodismo dos pardais

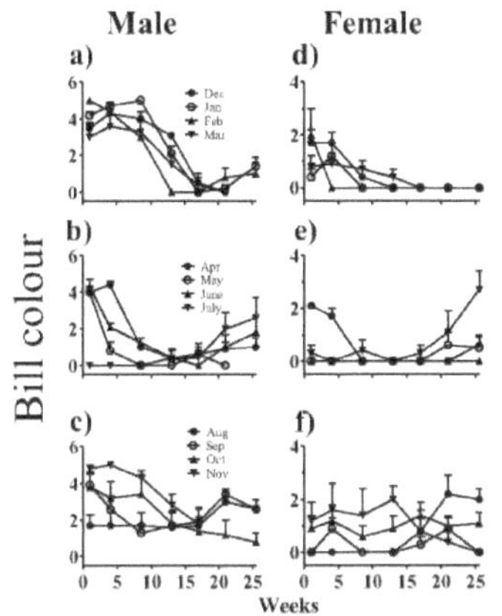

Figura 10. Média (±SE) da cor do bico de machos (a-c) e fêmeas (d-f) de pardais domésticos recolhidos na natureza todos os meses, e transferidos para 16 horas de luz :8 horas de escuridão (16L:8D) de janeiro a dezembro durante um período de 17 a 26 semanas. Os dados são agrupados em intervalos de 4 meses para efeitos de

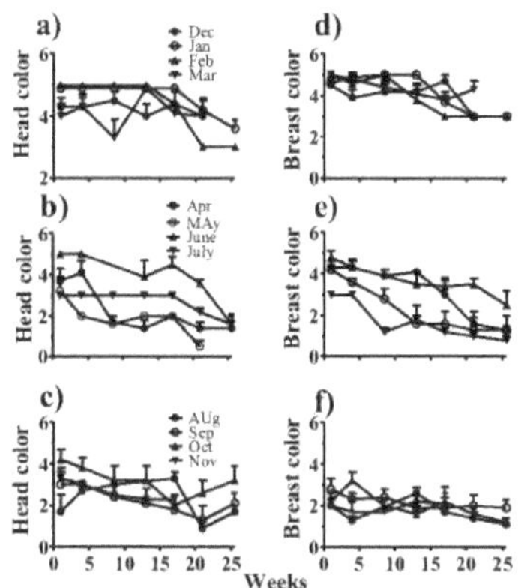

Figura 11. Média (±SE) da cor da plumagem da cabeça (a-c) e da cor da plumagem do peito (d-f) de machos de pardais domésticos recolhidos na natureza todos os meses e transferidos para 16 horas de luz :8 horas de escuridão (16L:8D) de janeiro a dezembro, durante um período de 17 a 26 semanas. Os dados são apresentados em grupos de 4 meses por motivos de clareza. Verificou-se um efeito da época do ano no ganho e na perda de massa corporal em 16L:8D.

Os testículos eram de tamanho comparável nos dois grupos no início da experiência (Fig. 12e), mas houve uma diferença significativa na massa corporal entre os dois grupos (Fig. 12a). Não se registou qualquer alteração na massa corporal das aves do grupo 1 que receberam luz natural durante todo o dia (Fig. 12a), ao passo que as aves expostas a NDL apenas durante os crepúsculos perderam significativamente massa corporal no espaço de 4 semanas. Curiosamente, porém, os testículos sofreram uma regressão significativa nas aves do grupo 1 e não nas do grupo 2 (Fig. 12e). As aves do grupo 2 expostas apenas a períodos crepusculares mantiveram testículos grandes até ao fim da experiência (Fig. 12e). Da mesma forma, a cor do bico dependente da testosterona clareou mais rapidamente no grupo NDL do que no grupo crepuscular (semana 4; Fig. 12b). As penas da plumagem da cabeça não mostraram nenhuma mudança na cor, mas houve um desbotamento da cor da plumagem do peito em todas as aves (Fig. 12 c,d); uma tendência clara foi observada no grupo crepuscular e uma diferença significativa foi encontrada no grupo NDL.

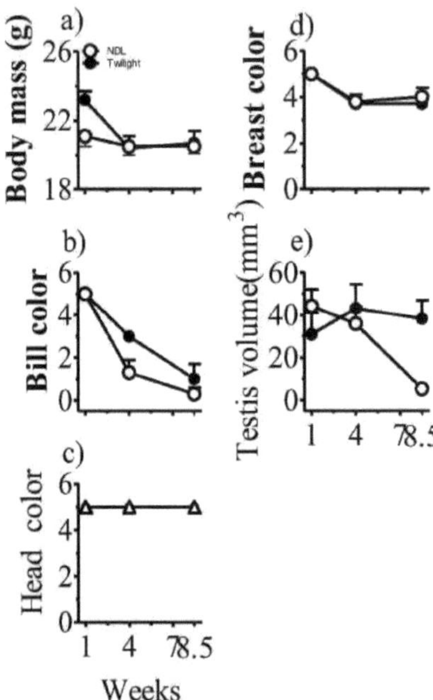

Figura 12. Média (±massa corporal (a), cor do bico (b), cor da plumagem da cabeça (c), cor da plumagem do peito (d) e volume dos testículos (e) de pardais machos com gónadas grandes expostos à duração natural do dia (NDL) no aviário ou NDL menos luz solar do nascer ao pôr do sol de meados de abril a meados de junho.

Experiência 3: Resposta fotoperiódica a longo prazo

Experiência 3A: Diferentes fotoperíodos produziram indução fotoperiódica diferencial. Não houve alteração significativa na massa corporal sob 9L:15D (Fig. 13a). No entanto, a massa corporal sofreu uma alteração significativa sob 12L:12D e 15L:9D (Fig. 13a). Sob 15L:9D as aves tiveram um aumento significativo da massa corporal após 4,5 semanas, seguido de uma diminuição significativa da massa corporal na 13ª semana (Fig. 13a).

Os testículos não mostraram ciclicidade sob 9L:15D (Fig. 14a). Mas um ciclo de testículos com recrudescência total e regressão ocorreu sob 12L:12D e 15L:9D (Fig. 14a). Os testículos estavam completamente aumentados na semana 4.5 em ambos os fotoperíodos 12L:12D e 15L:9D e, portanto, não houve diferença no volume máximo dos testículos dos dois grupos (Fig.14a). No entanto, o tempo necessário para atingir a regressão total do testículo foi diferente entre os grupos 12L e 15L, e a taxa de regressão do testículo foi mais lenta no primeiro (Fig. 14a). No grupo 15L:9D, os testículos totalmente regredidos foram encontrados na 13ª semana, enquanto no grupo 12L:12D os testículos totalmente regredidos foram encontrados quando as aves foram examinadas após a 22ª semana (Fig. 14a).

Em 9L:15D, o bico não se tornou mais escuro, mas devido ao clareamento da cor na semana 4.5, a mudança na cor do bico durante o período de exposição foi significativa (Fig. 13b). Sob 12L:12D e 15L:9D, a cor do bico seguiu o ciclo de crescimento-regressão dos testículos e assim produziu uma diferença significativa na coloração (Fig. 13b). O padrão de coloração das penas da cabeça foi o mesmo que o da cor do bico. Sob 9L:15D, não houve diferença exceto na semana 4.5 quando a composição da pena fez com que parecessem claras resultando numa diferença significativa durante o período da experiência (Fig. 13c). Sob 12L:12D e 15L:9D, as penas da cabeça exibiram uma diferença significativa na aparência (Fig. 13c). Uma situação semelhante ocorreu na cor da plumagem do peito (Fig. 13d).

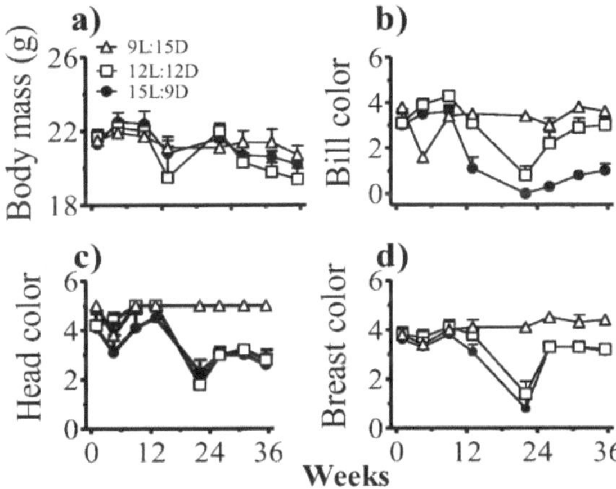

Figura 13. Massa corporal média (±SE; n = 7-8) (a), alteração da cor do bico (b), cor da plumagem da cabeça (c) e cor da plumagem do peito (d) de machos de pardais domésticos expostos a um dia de curta duração (9L:15D), a um dia de equinócio (12L:12D) e a um dia de longa duração (15L:9D) durante um período de 36 semanas.

Os dados sobre as pontuações de muda das aves sob 9L:15D revelaram a ausência de muda nos primários das asas e uma muda parcial e lenta das penas do corpo (apenas as pontuações de muda das penas do corpo eram distintas no final das 24 semanas) (Fig. 14b,c). Por outro lado, as aves sofreram uma muda significativa nos fotoperíodos de 12L e 15L. De acordo com os dados relativos aos testículos, o início da muda das penas primárias das asas e das penas do corpo sob 15L foi significativamente mais cedo do que sob 12L, embora a muda tenha terminado quase ao mesmo tempo em ambos os grupos (cf. Figs. 14b,c). Também houve uma diferença significativa entre os grupos

12L e 15L na muda das penas do corpo.

Experiência 3B: Verificaram-se efeitos diferenciais do aumento dos fotoperíodos na indução de respostas sazonais no pardal. As aves sofreram alterações significativas na massa corporal em todos os fotoperíodos. No entanto, esta diferença deveu-se ao ganho significativo de massa corporal das aves no espaço de 4 semanas sob 14L:10D e 18L:6D, e à perda significativa de massa corporal das aves num período de 31, 17, 26 e 17 semanas sob 2L:22D, 6L:18D, 10L:14D e 22L:2D, respetivamente (Fig. 15 a,e).

Foi encontrado um ciclo de crescimento-regressão do testículo sob 14L:10D, 18L:6D e 22L:2D (Fig.16b). Embora não tenha havido diferença no pico de crescimento do testículo entre os grupos 14L:10D, 18L:6D e 22L:2D, o crescimento testicular foi acelerado em 18L:6D e 22L:2D em comparação com o de 14L:10D (Fig. 16b). O momento da regressão dos testículos foi, curiosamente, o mesmo nos três grupos. Os pardais sob 10L:14D, por outro lado, não mostraram um aumento significativo dos testículos (Fig. 16a). No entanto, as aves 6L:18D apresentaram um pequeno crescimento dos testículos até à semana 26, mas as aves 2L:22D apresentaram uma resposta testicular ainda maior (moderada) (volume médio máximo dos testículos = 18±9,8 mm^3; Fig. 16a).

A cor do bico seguiu mais ou menos o padrão do ciclo testicular em todos os grupos. Houve ganho na cor do bico após 4 semanas em 14L:10D, 18L:6D e 22L:2D (Fig.15f). O bico tornou-se ligeiramente mais escuro (cor média do bico = 2,2±0,6) após 17 semanas no grupo 10L:14D (Fig. 15b), mas não foi globalmente significativo, o bico era quase cor de palha até 21 semanas (cor média do bico = 0,8±0,7), mas depois tornou-se ligeiramente mais escuro na semana 26 (cor média do bico = 2,3±0,7). Assim, a mudança geral na cor foi significativa. Em 2L:22D também, o bico tornou-se ligeiramente colorido com uma cor média máxima do bico = 2,6±0,7, mas a alteração global da cor durante o período da experiência não foi significativa (Fig. 15b).

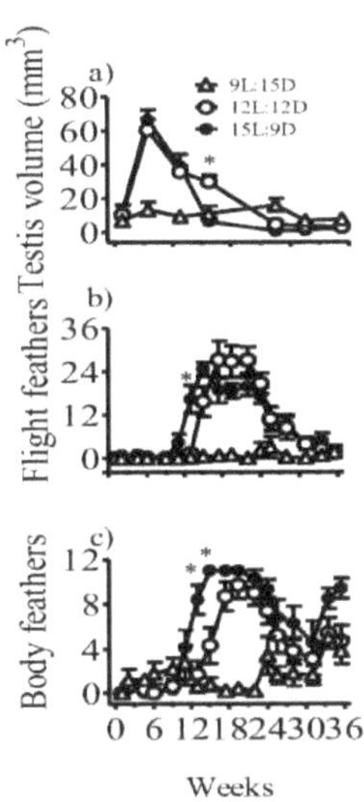

Figura 14. Média (±SE; n = 7-8) do volume dos testículos (a) e da pontuação da muda do voo primário (b) e das penas do corpo (c) de pardais domésticos machos expostos a um dia de curta duração (9L:15D), a um dia de equinócio (12L:12D) e a um dia de longa duração (15L:9D) durante um período de 36 semanas. Enquanto 9L não induziu o crescimento-regressão das gónadas ou a muda, 12L e 15L induziram. Além disso, a indução fotoperiódica e, portanto, a regressão e a muda subsequentes foram mais precoces em 15L do que em 12L. Os asteriscos mostram uma diferença significativa entre os grupos no dia da observação (P < 0,05).

Não houve alteração na aparência das penas da cabeça em 6L:18D, 10L:14D, 18L:6D e 22L:2D (Fig. 15c,g). Em 2L:22D e 14L:10D, a aparência das penas tornou-se clara na semana 21 e na semana 17, respetivamente, resultando numa mudança estatisticamente significativa durante o período da experiência (Fig. 15c,g). Da mesma forma, houve uma mudança geral na cor das penas do peito em todos os grupos, exceto 10L:14D e 22L:2D (Fig. 15d,h). A diferença deveu-se à perda de cor, exceto no grupo 6L:18D em que a aparência da plumagem se tornou significativamente mais brilhante no final da experiência.

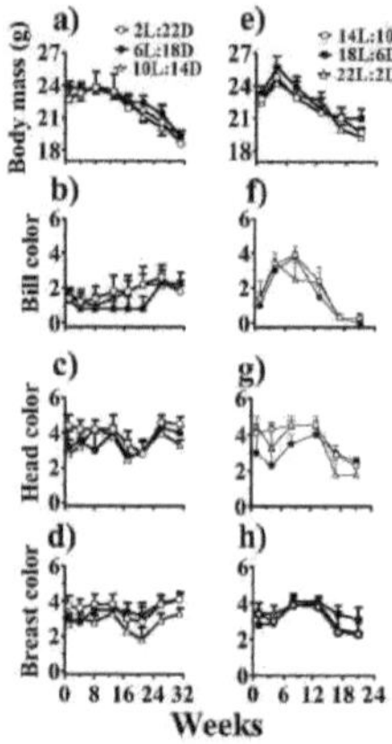

Figura 15. Massa corporal média (±SE) (a, e), alteração da cor do bico (b, f), cor da plumagem da cabeça (c, g) e cor da plumagem do peito (d, h) de machos de pardais domésticos submetidos durante 17 semanas a fotoperíodos com duração crescente dos períodos de luz diários:

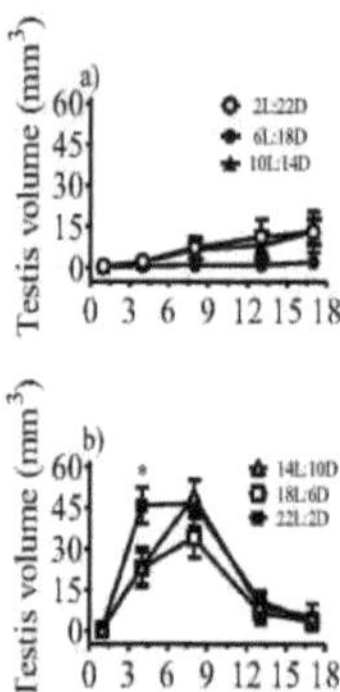

Figura 16. Volume médio (±SE) dos testículos de pardais domésticos machos (n = 9-10) submetidos durante 17 semanas a fotoperíodos com duração crescente de períodos diários de luz. a: 2L:22D, 6L:18D e 10L:14D. Uma resposta testicular lenta e pequena ocorreu em 2L e 10L, mas não no fotoperíodo 6L, exceto que 2 das 7 aves deste grupo apresentaram uma pequena iniciação no final da experiência. b: 14L:10D, 18L:6D e 22L:2D. Uma indução mais rápida do crescimento testicular ocorreu em 22L, mas a regressão foi quase a mesma nos três fotoperíodos

Como é evidente nos resultados da experiência 1 (Figs. 1 e 2), tanto os pardais domésticos machos como as fêmeas mostraram uma mudança sazonal na sua reatividade a comprimentos de dia longos, que é comparável à relatada no pássaro tecelão indiano (Singh e Chandola, 1981) e no myna brahminy (Kumar e Kumar, 1991). Durante os períodos de reprodução tardios e posteriores, de maio a julho, a exposição a uma duração de dia longa (16L:8D) não conseguiu inibir o colapso espontâneo das gónadas grandes nas aves de maio nem reiniciar o recrudescimento das gónadas regredidas nas aves de junho e julho. Isto indica uma perda real de sensibilidade das aves à fotoestimulação de dias longos. No entanto, em setembro/outubro, esta reatividade a dias longos parece ter recuperado, talvez devido à exposição a dias relativamente mais curtos. Estas observações sugerem que (i) o fim da época de reprodução no pardal-caseiro se deve ao desenvolvimento de fotorrefracção e (ii) a fotorrefracção é seguida de um período de recuperação, no fim do qual as aves recuperam a sua capacidade de resposta a comprimentos de dia estimulantes (para revisão, ver Murton e Westwood, 1977; Farner *et al.*, 1983; Nicholls *et al.*, 1988).

O facto de a luz do dia entre o nascer e o pôr do sol (excluindo assim o período crepuscular da longa duração do dia de verão) ser crítica no final da época de reprodução é demonstrado de forma muito elegante pelos dados sobre o crescimento dos testículos da experiência 2 (Fig. 12). O estudo demonstrou que as aves sofreram uma regressão dos testículos na 9ª semana sob NDL, apesar de a duração do dia estar a aumentar. Por outro lado, as aves expostas a NDL sem luz do dia (do nascer ao pôr do sol) não apresentaram regressão dos testículos. Um efeito semelhante também foi observado na massa corporal e na cor do bico (Fig. 12).

A experiência 3A fornece provas de que os comprimentos artificiais de dias longos (15L:9D) reproduzem uma resposta fotoperiódica que é normalmente observada com o aumento do NDL, indicando que o comprimento do dia regula o ciclo gonadal e os eventos associados no pardal. Uma resposta semelhante foi encontrada sob 12L:12D, exceto que o momento da regressão total foi mais tarde sob este fotoperíodo (Fig. 14). Este facto sugere que, em dias longos, a indução de uma resposta fotoperiódica foi mais rápida. Tal como acontece com várias espécies (Follett *et al.*, 1973; Lewis, 1975; Kumar e Tewary, 1982b, 1983; Tewary e Kumar, 1982; Tewary e Tripathi, 1983; Tewary *et al.*, 1983; Tewary e Dixit, 1986; Kumar e Kumar, 1991), um dia curto típico (9L:15D) não foi indutor para os pardais domésticos. Uma resposta fotoperiódica semelhante a tais fotoperíodos (9L, 12L e 15L) é relatada noutra espécie, o pássaro tecelão indiano, a 25^0N, 83^0E, que partilha frequentemente o habitat com o pardal doméstico. Quando expostos a um fotoperíodo longo (15L:9D), a partir de setembro, os testículos parcialmente regredidos recrudesceram e a hipófise foi activada, como indicam as alterações na pigmentação da plumagem dependentes de LH, o escurecimento do bico dependente de androgénios, o volume e a histologia gonadal (Thapliyal e Tewary, 1964; Chandola *et al.*, 1974; Singh e Chandola, 1981).

Assim, o sistema de resposta fotoperiódica do pardal doméstico responde seletivamente à duração do dia e passa por um período fotorrefractário que indica o fim da época de reprodução. A regulação da sazonalidade dependente do fotoperíodo foi registada em muitas espécies (Murton e Westwood, 1977; Farner e Follett, 1979; Wingfield e Farner, 1980; Tewary e Kumar, 1982; Kumar e Tewary, 1982b, 1983; Tewary e Tripathi, 1983; Tewary *et al*, 1983; Follett, 1984; Tewary e Tripathi, 1985; Gwinner, 1987; Lal e Pathak, 1987; Gwinner *et al.*, 1988, Chaturvedi e Thapliyal, 1979; Maitra, 1987). Várias destas espécies sofrem um colapso gonadal espontâneo sob fotoperíodos longos e contínuos. É necessário esclarecer se a refractariedade desenvolvida é de tipo 'absoluto' ou 'relativo' (Robinson e Follett, 1982). Em algumas espécies, no entanto, os fotoperíodos longos (15 h ou mais de luz por dia) podem manter as gónadas activas durante pelo menos um ano. Exemplos disso são: pardal de colarinho ruivo, *Zonotrichia capensis* (Lewis *et al.*, 1974), *Zonotrichia capensis costaricensis* (Epple *et al.*, 1972) e pássaro tecelão indiano, *Ploceus philippinus* (Thapliyal e Saxena, 1964b). A *quelea* equatorial (*Quelea quelea*) também é fotoperiódica e responde à fotoestimulação com um breve período refratário dissipado espontaneamente, independentemente do fotoperíodo exógeno (Lofts, 1962). Existe um relatório semelhante para os picanços fiscais equatoriais, *Lanius collaris* (Dittami e Knauer, 1986). Os gatos-pedra tropicais (*Saxicola torquata axillaris*) também reagem ao fotoperíodo (Gwinner e Dittami, 1984; Dittami e Gwinner, 1985) e utilizam a intensidade luminosa como *zeitgeber* na regulação dos ciclos anuais dos testículos e da muda (Gwinner e Scheuerlein, 1998). Observam-se respostas interessantes na munia-de-cabeça-preta, que apresenta desenvolvimento testicular tanto em fotoperíodos curtos como longos (Thapliyal e Saxena, 1964a; Pandha e Thapliyal, 1969), e na munia-manchada, que responde apenas a fotoperíodos anormalmente curtos (<6h) (Chandola *et al.*, 1975). Bhatt *et al.* (1986) sugerem que o fotoperíodo actua apenas como sincronizador do ritmo circanual endógeno do ciclo reprodutor da munia malhada. Tudo isto sugere uma estratégia fotoperiódica divergente, que pode ter evoluído ao longo do tempo.

Os resultados da experiência 3B mostram que foi encontrada uma resposta fotoperiódica clássica quando os fotoperíodos artificiais variaram entre os limites normalmente experimentados pelo pardal doméstico na natureza. Verificou-se uma diferença significativa (P<0,05, teste de Bonferroni) na forma da curva de resposta entre 14L:10D e 18L:6D ou 22L:2D (cf. Fig. 7). Tal como no caso dos fotoperíodos longos não naturais (18L:6D e 22L:2D), verificou-se uma diferença na resposta entre a resposta dos fotoperíodos curtos, que se aproximava da duração natural dos dias curtos de dezembro (10L:14D) e a dos fotoperíodos curtos não naturais (6L:18D e 2L:22D; cf. Fig. 16). Os dados das experiências 1 e 3B fornecem uma perspetiva interessante sobre a reatividade do sistema fotoperiódico do pardal. Normalmente, uma espécie de dia longo (a espécie que utiliza dias longos (=/> 12 h de luz por dia) sofre uma regressão espontânea pós-indução. Se a indução induzida pelo fotoperíodo tiver de preceder a regressão espontânea e o desenvolvimento da fotorrefracção, então as aves expostas a fotoperíodos não indutivos (curtos) nunca apresentarão fotoindução e, consequentemente, uma diminuição ou perda da fotorresponsividade. Esta proposição exclui a possibilidade de um ritmo sazonal endógeno que regula a fotossensibilidade dos pardais. No entanto, se se propuser que um ritmo sazonal endógeno regula a fotossensibilidade dos pardais, tal deve refletir-se em respostas a uma gama de fotoperíodos. A experiência 3B permitiu-nos testar a probabilidade de uma ritmicidade endógena subjacente ao fotoperiodismo no pardal. A figura 7 mostra que houve de facto o início da recrudescência dos testículos sob 2L:22D (mas não foi induzida a mesma resposta noutros fotoperíodos curtos, por exemplo, sob 10L:14D). Threadgold (1958, 1960) e Middleton (1965) também mostraram que o pardal responde a 1L:23D se for exposto a ele durante muito tempo. Um resultado semelhante com 1L:23D foi registado no estorninho europeu (Schwab, 1971). Rutledge e Schwab (1974) relatam a maturação testicular em estorninhos mantidos em escuridão constante (DD). Estes resultados sugerem uma falha na sincronização efectiva do ritmo sazonal endógeno através de fotoperíodos diários muito curtos e, por conseguinte, o desenvolvimento gonadal sob estes fotoperíodos muito curtos foi a consequência do crescimento e desenvolvimento espontâneos e não a consequência da indução fotoperiódica? No futuro, é necessário conceber experiências que coloquem esta questão específica.

O início das respostas, o desenvolvimento da fotorreacção e a recuperação da fotossensibilidade são "mapas de fases" conhecidos do ciclo anual de reprodução de muitas aves fotoperiódicas (Murton e Westwood, 1977; Farner *et al.*, 1983; Follett, 1984; Kumar, 1997; Rani *et al.*, 2002). É de notar que a ave tecelã indiana tropical fotoperiódica (*Ploceus philippinus*) nunca perde a fotossensibilidade. Nesta espécie, os fotociclos artificiais mais longos do que a duração do dia nativa (25^0N, 83^0E) (cerca de 13 h) induzem o eixo hipotálamo-hipofisário-gonadal (observado como crescimento dos testículos e plumagem dependente de LH) durante qualquer altura do ano (Thapliyal e Tewary, 1964; Singh e Chandola, 1981). No entanto, afirma-se que existe uma pequena janela temporal no ano em que as aves tecelãs indianas se tornam insensíveis à estimulação luminosa (Chakravorty e Chandola-Saklani, 1985).

Existe alguma diferença no momento e na amplitude dos efeitos fotoperiódicos entre machos e fêmeas. Isto pode ser considerado como um reflexo do mecanismo fotoperiódico envolvido na regulação das respostas sazonais nos dois sexos. Sabe-se que os dias longos podem induzir o crescimento e o desenvolvimento testiculares completos, mas nas fêmeas estimulam apenas a fase inicial de crescimento lento, mas não a última fase de crescimento rápido ou exponencial do desenvolvimento ovárico (Farner e Lewis, 1971; Farner e Follett, 1979). As fases finais de crescimento do desenvolvimento ovárico são influenciadas por factores suplementares, incluindo a alimentação, a construção do ninho, a ligação entre pares, etc. (Farner e Follett, 1979; Wingfield e Farner, 1993). Sabe-se também que a plena competência reprodutiva das fêmeas é frequentemente determinada por estímulos do parceiro, do local do ninho ou da disponibilidade de alimentos (Hinde e Steel, 1978; Morton *et al.*, 1985; Gwinner *et al.*, 1987). Por conseguinte, o desenvolvimento parcial do folículo ovárico em fotoperíodos longos é adaptativo, uma vez que restringe a ovulação e, por conseguinte, a fertilização, na altura em que as hipóteses são desfavoráveis para a sobrevivência da descendência.

Não se verificou um efeito consistente da duração do dia na massa corporal do pardal, exceto que ocorreu uma diminuição da massa corporal ao longo de um período de tempo sob vários regimes de iluminação. Este facto não é surpreendente, uma vez que o pardal doméstico não é migratório e apresenta apenas uma pequena variação na massa corporal em condições selvagens ou em cativeiro sob NDL (consultar a Introdução). Uma resposta semelhante da massa corporal foi encontrada em várias outras espécies não migratórias que vivem em torno de 25^0N, 83^0E (para revisão ver Thapliyal, 1981; Thapliyal e Biur, 1992). No entanto, é de notar que houve uma diferença na tendência de resposta entre a massa corporal e os testículos, o que reforça o argumento a favor da diferença de estratégias fotoperiódicas entre estas duas funções fisiológicas, como tem sido defendido para muitas espécies (para mais pormenores, ver Misra *et al.*, 2004; Trivedi *et al.*, 2004).

No presente estudo, os efeitos fotoperiódicos também são observados noutros caracteres sexuais secundários do pardal doméstico macho. Muitos destes efeitos são paralelos a alterações no ciclo testicular, por exemplo, alterações na cor do bico, que se sugere serem dependentes de androgénios, e alterações na cor da plumagem dependentes de LH (para revisão e análise, ver Thapliyal, 1981). As codornizes japonesas também apresentam várias caraterísticas sexuais dependentes dos androgénios. Existe uma correlação perfeita entre as actividades da glândula cloacal e o crescimento gonadal; o tamanho da saliência cloacal não só está altamente correlacionado com os índices gonadais, mas também com critérios comportamentais, como a cópula e o remo da ave (Sachs, 1967). No entanto, nas pombas-aneladas (*Streptopelia risoria*), os dias longos afectam a construção dos ninhos sem induzir o aumento dos testículos, o que indica que a ação do fotoperíodo se processa através de outro mecanismo que não alterações nos níveis de androgénios endógenos (McDonald e Liley, 1978).

Resumindo, os presentes resultados mostram que o pardal-doméstico a 27^0N, 81^0E apresenta respostas fotoperiódicas semelhantes às das populações que vivem em latitudes mais elevadas (para revisão e análise ver Murton e Westwood, 1977). Isto significa que, em latitudes relativamente baixas, as populações de pardais domésticos utilizam sinais fotoperiódicos do ambiente para regular os seus ciclos reprodutivos. Qualquer que seja o significado contemporâneo de um tal sistema de resposta fotoperiódica na população tropical/subtropical desta espécie, que experimenta variações anuais relativamente pequenas da duração do dia, pode ser uma ideia interessante que estes traços fisiológicos sejam uma relíquia dos seus parentes temperados em que a sazonalidade está sob o controlo da duração do dia. Além disso, a similaridade nos sistemas de resposta fotoperiódica de diferentes populações que habitam diferentes latitudes poderia representar a conservação de mecanismos fisiológicos comuns evoluídos durante um longo período de tempo, como uma estratégia adaptativa. À luz desta proposta, as respostas fotoperiódicas da população de pardais domésticos a 27^0N, 81^0E podem ser comparadas com a sua população em latitudes mais elevadas.

5. MEDIÇÃO DO TEMPO DE FOTOPERÍODO

Nas aves, as respostas induzidas pelo fotoperíodo, por exemplo, o crescimento e o desenvolvimento das gónadas, são funções positivas do aumento do fotoperíodo dentro de uma gama de fotofase diária (Nicholls *et al.*, 1973; Follett *et al.*, 1974). Isto mostra que o sistema de resposta fotoperiódica das aves pode, de alguma forma, medir a duração do dia com grande precisão. Inicialmente, foram formuladas várias hipóteses, como se segue: (i) A indução fotoperiódica depende da duração total da atividade e não da luz *em si* (Rowan, 1928, 1938). (ii) O rácio entre a luz e a escuridão, em comparação com o rácio anterior, determina se uma resposta fotoperiódica será ou não estimulada (Bissonnette, 1931). (iii) A ave mede a duração total da luz ou da escuridão com a ajuda de um mecanismo de cronometragem (Jenner e Engels, 1952; Farner, 1958: Wolfson, 1960a,b).

No entanto, mais tarde surgiram duas hipóteses para explicar a medição da duração do dia nas aves.

Mecanismo de ampulheta: Baseia-se num sistema de ampulheta. No âmbito deste modelo, a indução fotoperiódica é desencadeada quando um período de luz (ou de escuridão) a que um organismo é exposto provoca a síntese e a acumulação de um produto químico a um determinado nível limiar. O processo é invertido durante a fase alternada de um ciclo de DL. O ponto fraco deste modelo é o facto de este mecanismo ser suscetível mesmo às mais pequenas alterações no ambiente, pelo que este conceito não é bem apoiado, pelo menos no fotoperiodismo dos vertebrados.

Hipótese de Bunning: A hipótese de Bunning (Bunning, 1936) invoca um componente circadiano de sensibilidade à luz diária dentro de um organismo como a base fisiológica do fotoperiodismo (Bunning, 1973). Todos os dias, o ritmo fotoperiódico circadiano é considerado como passando cerca de 12 horas após o amanhecer por um período de fotoindutibilidade máxima. A luz que incide neste período é considerada como um "dia longo" e provoca a fotoindução. Isto explica a recrudescência testicular e a estimulação de outros eventos associados à reprodução durante o final da primavera e o verão nos criadores de dia longo. Se a luz diária não se estender até ao período de fotoindutibilidade, como acontece nos meses de inverno, não há fotoindução e, em vez disso, há recuperação da fotossensibilidade em indivíduos fotorrefractários de muitos reprodutores de dias longos (Nicholls *et al.*, 1988; Kumar, 1997). Assim, a estimulação fotoperiódica ocorre se e quando a luz coincide com a fase de fotossensibilidade. Pouco menos de seis décadas após a formulação desta hipótese, Hamner (1963) explicou a indução fotoperiódica no tentilhão doméstico *(Carpodacus mexicanus)* no âmbito desta hipótese. Esta foi a primeira demonstração do componente circadiano em qualquer espécie de vertebrado. Até à data, o envolvimento do ritmo circadiano no fotoperiodismo foi demonstrado numa série de espécies de aves. As mais notáveis são: *Carpodacus mexicanus* (Hamner, 1963, 1964, 1968; Hamner e Enright, 1967), *Zonotrichia leucophrys gambelii* (Farner, 1965; Follett *et al*, 1974; Sansum e King, 1975), *Zonotrichia leucophrys pugetensis* e *Zonotrichia atricapilla* (Turek, 1972, 1974), *Junco hyemalis* (Wolfson, 1965), *Chloris chloris* (Murton *et al.*, 1970a); *Passer domesticus* (Menaker, 1965; Menaker e Eskin, 1967; Farner *et al.*, 1977; Murton *et al*, 1970b), *Coturnix coturnix japonica* (Follett e Sharp, 1969; Follett, 1973b; Follett e Davies, 1975; Wada, 1981), *Passer montanus* (Lofts e Lam, 1973), *Ploceus philippinus* (Chandola *et al*, 1976), *Sturnus vulgaris* (Gwinner e Eriksson, 1977), *Carpodacus erythrinus* (Kumar e Tewary, 1982c, d), *Emberiza melanocephala* (Tewary e Kumar, 1981, 1983b, 1984; Kumar *et al*, 1985; Kumar, 1986, 1988; Kumar e Rani, 1996; Singh *et al.*, 2002; Malik *et al.*, 2002, 2004), *Emberiza bruniceps* (Tripathi, 1987; Rani e Kumar, 1999, 2000) e *Sturnus pagodarum* (Kumar e Kumar, 1993).

Pittendrigh (1972) propôs dois modelos para explicar a indução fotoperiódica. O primeiro deles era o mesmo que a hipótese de Bunning, chamado de 'modelo de coincidência externa'. Este modelo prevê que o componente circadiano endógeno que medeia o fotoperiodismo consiste em duas fases, a primeira (dia subjetivo) é não-fotoindutível ou fotoinsensível e a segunda (noite subjectiva) é fotoindutível ou fotossensível. Uma resposta fotoperiódica é o resultado de uma coincidência direta da luz com a fase fotoindutível. Assim, a luz diária desempenha duas funções, uma de arrastar o ritmo circadiano fotoperiódico (RCP) e a outra de iniciar uma resposta fisiológica se cair na fase fotoindutível.

O segundo modelo de Pittendrigh é designado por "modelo de coincidência interna". Neste modelo, a luz influencia a sincronização de dois ou mais osciladores circadianos, acoplados separadamente ao amanhecer e ao anoitecer, de modo a que estes entrem numa relação de fase específica entre si, em resultado da transição de dias curtos para dias longos, o que, por sua vez, resulta numa indução fotoperiódica. Assim, a luz desempenha apenas o papel de arrastar o ritmo e não está diretamente envolvida na estimulação fotoperiódica.

Foram utilizados vários instrumentos fotoperiódicos (protocolos de iluminação) para testar o envolvimento do ritmo circadiano na medição do tempo fotoperiódico das aves. Os protocolos de iluminação mais importantes são os seguintes (1) As experiências de ressonância (também chamadas experiências Nanda-Hamner) consistem numa fotofase fixa não estimulante (4h ou 6h) associada a durações variáveis de escotofase, resultando em ciclos de 24, 36, 48, 60 e 72 horas.) Os animais expostos a ciclos de 24 ou 48 ou 72 horas apresentam geralmente respostas diurnas curtas e os expostos a ciclos que não são de 24 horas (ou seja, 36 ou 60 horas) apresentam respostas diurnas longas. (2) As experiências de interrupção nocturna (também designadas por fotoperíodos esqueletais) consistem em dois impulsos de luz por dia, de modo a que um deles ocorra no início do dia e fixe o ritmo fotoperiódico circadiano e o outro ocorra a diferentes horas da noite e induza uma resposta fotoperiódica variável. Os dois impulsos podem ser do mesmo comprimento (fotoperíodos simétricos) ou de comprimentos diferentes (fotoperíodos assimétricos). (3) As experiências de impulso único são aquelas em que apenas um impulso de luz incide por dia em condições de funcionamento livre. A fotoindução depende da interação da luz com uma fase específica do oscilador endógeno. (4) As experiências de ciclo T consistem num dia variável (geralmente 22-26 h) com um curto período de luz. O arrastamento para esse ciclo LD resulta em ângulos de fase variáveis entre a luz e os osciladores endógenos (e também na redução da duração crítica do dia) e, subsequentemente, na indução fotoperiódica.

Experiências de ressonância

Utilizando experiências de Nanda-Hamner, o estudo investigou a medição do tempo fotoperiódico no pardal-doméstico e examinou se o relógio fotoperiódico de espécies que possuem um sistema circadiano fortemente autossustentável apresentará respostas idênticas. Além disso, comparou o ciclo completo de resposta (início e fim da resposta) na massa corporal e nos testículos do pardal doméstico não migratório *(Passer domesticus)* com o do pisco-de-peito-ruivo migratório *(Emberiza bruniceps)* no âmbito das experiências de Nanda-Hamner, que têm sido amplamente utilizadas para testar a natureza circadiana do relógio fotoperiódico nos organismos. Grupos de ambas as espécies de aves foram expostos a T=36 h (T= período do ciclo LD; 6L:30D), com controlos em T=24 h (6L:18D), durante um período de 31 semanas. As observações sobre as alterações da massa corporal e do tamanho dos testículos foram efectuadas no início e no fim da experiência, e em intervalos de 4-5 semanas durante a experiência. Sob T=24 h, ambas as aves apresentaram uma variação pequena, mas estatisticamente significativa, da massa corporal ao longo do período de exposição. Registou-se um aumento significativo da massa corporal dos pardais, mas não dos buntings, na 18ª semana. Além disso, os pardais mostraram o início da resposta testicular em 3 de 9 aves até à semana 18 e em 6 de 9 aves da semana 22 à semana 31 da exposição ao 6L:18D. No entanto, nenhum dos buntings mantidos sob o mesmo fotoperíodo apresentou recrudescência dos testículos. Sob T = 36 h, os pardais não registaram ganhos de massa corporal, antes perderam significativamente a sua massa corporal até à semana 22. Em contrapartida, registou-se um ganho rápido e uma perda subsequente da massa corporal dos buntings. Os testículos de ambas as espécies sofreram crescimento e regressão sob 6L:30D, como se estivessem expostos a um dia longo estimulante, mas as suas curvas de resposta foram diferentes. Em primeiro lugar, estes resultados mostram que na população de pardais domésticos que vive a 27^0N, 81^0E o ritmo circadiano está envolvido no fotoperiodismo. Em segundo lugar, estes resultados mostram claramente uma diferença na resposta a ciclos de luz exóticos entre o pardal-doméstico e o bunker-de-cabeça-vermelha, apesar de ambos partilharem propriedades oscilatórias (auto-sustentação) semelhantes no seu sistema circadiano. Isto sugere uma adaptação específica da espécie do relógio fotoperiódico envolvido na regulação da sazonalidade aviária.

Em muitos vertebrados, a duração do dia regula os ciclos sazonais, tais como os da massa corporal e do desenvolvimento das gónadas, através da indução e da terminação de processos fisiológicos (Kumar, 1997; Dawson *et al.*, 2001). A duração do dia interage com o mecanismo de temporização endógeno - denominado relógio fotoperiódico - de um indivíduo para descodificar a época do ano e ativar (fotoindução) os mecanismos fisiológicos subjacentes a um evento sazonal (Dawson *et al.*, 2001; Kumar *et al.*, 2004). O momento da fotoindução define o momento do término de um processo fisiológico (Nicholls *et al.*, 1988; Kumar, 1997).

O relógio fotoperiódico apresenta caraterísticas consistentes com um ritmo circadiano (Kumar e Follett, 1993; Kumar e Kumar, 1995; Kumar *et al.*, 1996; Singh *et al.*, 2002). Todos os dias, o ritmo fotoperiódico circadiano (CPR) é considerado como passando cerca de 12 horas após o amanhecer por um período de fotoinducibilidade máxima (= fase fotoinduciável [ϕï] do CPR). A luz que cai neste período é lida como "dia longo" e causa a fotoindução de respostas sazonais. Isto explica a recrudescência testicular e a estimulação de outros eventos associados à reprodução durante a primavera e o verão em criadores de dia longo. Se a luz diária não se estender até ao ΦI, como acontece nos meses de inverno, não há fotoindução e, em vez disso, há recuperação da fotossensibilidade em indivíduos fotorefractários de muitos criadores de dias longos (Nicholls *et al.*, 1988; Kumar, 1997). Vários estudos fornecem provas de que o RCP medeia tanto a estimulação do crescimento gonadal como o fim da refractariedade pós-reprodutiva em aves fotoperiódicas (Kumar e Tewary, 1984; Kumar e Follett, 1993; Kumar *et al.*, 1996; Rani e Kumar, 1999).

As experiências de ressonância constituem um dos métodos mais poderosos e amplamente utilizados para testar o envolvimento do ritmo circadiano no fotoperiodismo. Nanda e Hamner introduziram-nos pela primeira vez em 1958. Estes ciclos de DL consistem geralmente numa fotofase não estimulante (6 a 8 h) associada a durações variáveis de escotofase (6L: 6 (2n + 1) D; onde L-fotofase, D-escotofase, n - número de múltiplos de 6D) resultando em ciclos de múltiplos de 12 h, tais como 6L:6D, 6L:18D, 6L:30D, 6L:42D, 6L:54D e 6L:66D. A indução fotoperiódica não ocorre no ciclo de 24 h LD ou seus múltiplos (48 h ou 72 h), enquanto a indução fotoperiódica ocorre no ciclo de 12 h e múltiplos de 24 h mais 12 h. Foram efectuadas experiências completas de ressonância no tentilhão (Hamner, 1963; Hamner e Enright, 1967), codornizes japonesas (Follett e Sharp, 1969), pardal de coroa branca (Turek, 1972, 1974), pardal de coroa dourada (Turek, 1972, 1974), estorninho europeu (Gwinner e Eriksson, 1977), cabeça negra (Tewary e Kumar, 1981, 1983b), o pintassilgo comum da Índia (Kumar e Tewary, 1982c), o pintassilgo de cabeça vermelha (Tripathi, 1987), a mina brahminy (Kumar e Kumar, 1993) entre as aves fotoperiódicas, e no hamster dourado, *Mesocricetus auratus* (Elliott *et al.*, 1972) e na ratazana, *Microtus agrestis* (Grocock e Clarke, 1974), entre os mamíferos fotoperiódicos.

O modelo de coincidência externa é geralmente invocado para explicar a forma como um ritmo circadiano medeia o fotoperiodismo nas aves (Pittendrigh, 1972; ver acima). Os resultados da maioria das espécies fotoperiódicas são consistentes com este modelo (Hamner, 1963; Follett e Sharp, 1969; Menaker e Eskin, 1967; Turek, 1974; Gwinner e Eriksson, 1977; Tewary e Kumar, 1981, 1983b; Kumar e Tewary, 1982c; Kumar e Kumar, 1993). No entanto, pode haver diferenças nas caraterísticas do RCP para obter a resposta específica da espécie, que é adaptativa. Esta questão não foi adequadamente estudada, embora saibamos que, em geral, os relógios circadianos das aves são reconhecidos como tipos de osciladores fracamente e fortemente auto-sustentados (Kumar e Follett, 1993). Por exemplo, em espécies como a codorniz japonesa *(Coturnix c. japonica)*, o pacemaker fotoperiódico é fracamente auto-sustentado e rapidamente se desintegra em condições constantes (Follett *et al.*, 1992). Por outro lado, em espécies como a coruja-de-cabeça-preta *(Emberiza melanocephala)* e a

No estorninho europeu *(Sturnus vulgaris)*, o pacemaker fotoperiódico é fortemente autossustentável e corre livremente em condições constantes (Kumar *et al.*, 1996; King *et al.*, 1997).

A natureza do relógio fotoperiódico pode ser determinada pela forma como uma ave responde a ciclos exóticos de luz-escuridão (LD). Um desses ciclos é o proposto por Nanda e Hamner (1958), em que a exposição dos organismos a T=36 h (T= período do ciclo LD; 6L:30D), com controlos em T = 24 h (6L:18D), permite alternar períodos de luz que caem em duas fases diferentes do RCP. Isto resulta numa resposta que reflecte as caraterísticas do RCP subjacente (Kumar e Follett, 1993). Por exemplo, um 6L:30D não é indutor para codornizes japonesas que contêm um relógio fotoperiódico fracamente auto-sustentado (Follett *et al.*, 1992), mas causa indução fotoperiódica completa em espécies que contêm um relógio fotoperiódico fortemente auto-sustentado (Hamner, 1963; Turek, 1974; Gwinner e Eriksson, 1977; Tewary e Kumar, 1981; Kumar e Tewary, 1982c; Kumar e Kumar, 1993). Não se investigou se as caraterísticas do RCP entre espécies de aves com relógios circadianos fortemente auto-sustentados podem variar. Por conseguinte, neste estudo, começámos por estudar a resposta dos pardais domésticos fotossensíveis aos ciclos de DL de Nanda-Hamner e, em seguida, comparámo-la com a do bunker-de-cabeça-vermelha, que foram expostos simultaneamente a estes ciclos de DL. A previsão era que (1) se os pardais apresentassem um oscilador circadiano fotoperiódico fortemente auto-sustentado, responderiam ao ciclo T=36 h e não ao ciclo LD T=24 h, e (2) se o RCP das duas espécies, os pardais e os búteos, partilhassem caraterísticas idênticas, como seria de esperar porque ambos apresentam uma forte auto-sustentação nos seus osciladores locomotores circadianos (Menaker e Eskin, 1967; Binkley, 1990; Rani, 1999; Singh *et* al, 2002), apresentariam um ciclo de resposta fotoperiódica idêntico sob um ciclo estimulador de T = 36 h LD. Uma vez que quase todos os estudos anteriores que testaram o envolvimento do sistema circadiano no fotoperiodismo das aves se limitaram à parte de fotoindução do ciclo de resposta (para referência, ver Kumar e Follett, 1993), estudámos todo o ciclo de resposta induzido pelo fotoperíodo (início e fim da resposta fotoperiódica) das duas espécies sob um ciclo de T=36 h.

O estudo foi efectuado em machos adultos de pardal-doméstico *(Passer domesticus)* não migratório e de pisco-de-peito-ruivo *(Emberiza bruniceps)* migratório. Os búteos são um migrador latitudinal de longa distância entre o Paleártico e a Índia, com zonas de reprodução situadas a ~40^0N (Ali e Ripley, 1974). Para as presentes experiências, tanto os pardais como os buntings foram capturados na natureza (buntings do bando de invernantes) a 27^0N, 83^0E. Quando capturados na primeira semana de fevereiro, ambas as espécies tinham testículos pequenos não estimulados. Foram aclimatadas às condições de cativeiro num aviário exterior durante 5 dias antes de serem transferidas para o interior para condições de iluminação artificial.

Os pardais e os buntings foram expostos a 6L:30D durante um período de 31 semanas. Um grupo de aves de cada espécie foi simultaneamente exposto a 6L:18D e serviu de controlo. As aves foram mantidas em grupos de 3 ou 4 indivíduos por gaiola (tamanho - 45 x 25 x 25 cm) dentro de caixas estanques à luz (tamanho -138 x 60 x 56 cm) que fornecem luz branca produzida por tubos fluorescentes (Philips) a ~450 lux.

A indução e a subsequente regressão de uma resposta fotoperiódica foram medidas através do registo de alterações na massa corporal e no tamanho dos testículos no início e no fim da experiência, e em intervalos de 4-5 semanas durante a experiência. A massa corporal foi medida utilizando uma balança de topo com uma precisão de 0,1 g. A resposta testicular foi avaliada como volume dos testículos por laparotomia sob anestesia local (Kumar *et al.*, 2001), tal como referido nos materiais e métodos gerais. Conforme documentado por Kumar *et al.* (2002), também classificamos subjetivamente a resposta testicular da seguinte forma: TV = 0,33 a <2,35 mm^3 - sem resposta; 2,35 a <9,82 mm^3 - início da resposta; TV = 9,82 a <18,86 mm^3 - resposta pequena; 18,86 a <41,9 mm^3 - resposta moderada; 41,9 mm^3 e acima - resposta completa. Sob 6L:18D, não houve aumento dramático na massa corporal e no tamanho dos testículos (Fig. 17). Isso ocorre porque L: D = 6:18 h atua como um dia curto, uma vez que a fase de luz de 6 h não se estende até o ϕï (Pittendrigh, 1972). Curiosamente, no entanto, em ambas as espécies, houve uma variação estatisticamente significativa na massa corporal durante o período de exposição 6L: 18D (Fig. 17a). Além disso, como esperado, os testículos permaneceram pequenos e não estimulados sob 6L:18D nos buntings, mas iniciou-se um recrudescimento dos testículos em alguns pardais a partir da 18ª semana (Fig. 17b). Após 18 semanas, a resposta testicular em 9 pardais do grupo variou entre ausência de resposta em 6 aves, início de resposta em 2 aves e resposta moderada em 1 ave. Em geral, nos pardais sob 6L:18D, o aumento dos testículos foi pequeno, embora estatisticamente significativo. Após 31 semanas, o volume médio dos testículos dos pardais era significativamente maior em comparação com o da semana 1 até à semana 13. Os dados também indicam uma diferença significativa na resposta ao 6L:18D entre duas espécies.

Quando expostas a 6L:30D, ambas as aves comportaram-se como se estivessem expostas a dias longos e apresentaram curvas de resposta de indução-regressão significativas (Fig. 17). Este facto é consistente com a previsão derivada do modelo de coincidência externa (Pittendrigh,

1972) que, em dias alternados, 6 h de luz caindo no início da noite subjetiva coincide com o ϕï e leva à fotoindução. A resposta dos buntings ao 6L:30D foi rápida e produziu curvas de indução-regressão significativas (Fig. 17). No final de 5 semanas, os buntings engordaram e ganharam o máximo de massa corporal e atingiram o crescimento testicular completo. Ao fim de 9 semanas, a massa corporal diminuiu em 5 de 7 aves (massa corporal média = - 0,8 ± 1,8 g; n = 7) e os testículos regrediram em 2 de 7 aves (volume médio dos testículos = -2,4 ± 3,9 mm^3; n = 7). Seguiu-se uma diminuição significativa da massa corporal e do tamanho dos testículos e, no final das 22 semanas, a massa corporal regressou aos valores iniciais e os testículos regrediram completamente em todas as aves, exceto em 2. No final das 26 semanas, registou-se uma nova diminuição da massa corporal e os testículos regrediram para o tamanho mínimo em todas as aves.

Os pardais, por outro lado, não ganharam massa corporal sob 6L:30D. Isto era de esperar, uma vez que os pardais não são migratórios e têm uma variação relativamente pequena da massa corporal ao longo do ano (ver secções I e II). Curiosamente, registou-se uma diminuição significativa da massa corporal; na semana 26, a massa corporal média foi significativamente reduzida. Assim, a resposta da massa corporal diferiu entre as duas espécies, e esta diferença foi significativa nas semanas 5, 9 e 13 (Fig. 17). Embora os pardais também tenham apresentado uma curva de resposta testicular significativa sob 6L:30D, a taxa de crescimento dos testículos dos pardais foi lenta e significativamente diferente. Ao fim de 5 semanas de 6L:30D, os pardais apresentavam um aumento significativo dos testículos, mas ainda eram mais pequenos do que os do bunker. Assim, o pico da resposta testicular nos pardais foi atingido após 9 semanas, com um atraso de 4 semanas em comparação com os bunitos (Fig. 17). Verificou-se uma regressão dos testículos em 3 de 7 aves no final da 13ª semana, embora tenha sido evidente uma redução significativa do volume médio dos testículos após a 22ª semana. De facto, nessa altura, tanto o pardal como o bunker apresentavam testículos pequenos semelhantes.

A figura 17 mostra que o pardal doméstico passou por um ciclo de indução-regressão sob um ciclo T = 36 h LD, sugerindo o envolvimento do ritmo circadiano no seu fotoperiodismo, como foi demonstrado em várias outras espécies (tentilhão doméstico - Hamner, 1963; codorniz japonesa - Follett e Sharp, 1969; Pardal de coroa branca - Turek, 1972, 1974; Pardal de coroa dourada - Turek, 1972, 1974; Estorninho europeu - Gwinner e Eriksson, 1977; Pintassilgo de cabeça preta - Tewary e

Kumar, 1981; Pintassilgo comum da Índia - Kumar e Tewary, 1982c; Pintassilgo de cabeça vermelha - Tripathi, 1987; Myna brahminy - Kumar e Kumar, 1993).

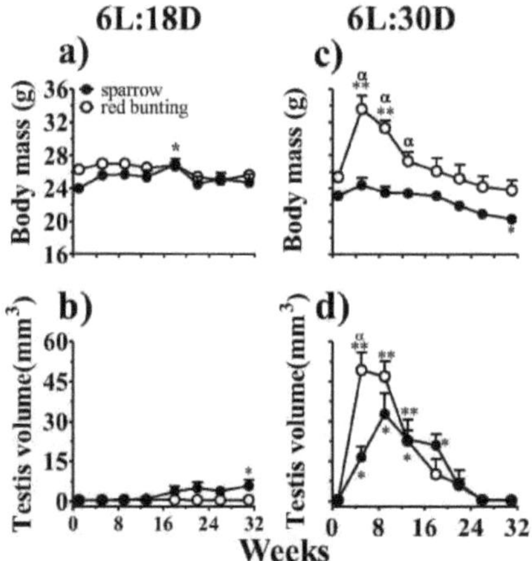

Figura 17. Alterações (média+SE) na massa corporal e no volume dos testículos de pardais domésticos não migratórios (Passer domesticus) e de piscos-de-peito-ruivo migratórios (Emberiza bruniceps) expostos a ciclos de luz-escuridão de Nanda-Hamner (T = 36 h; L:D = 6 : 30 h com controlos em T = 24 h; L:D = 6 : 18 h; T = período do ciclo de DL) durante um período de 31 semanas. Cada ponto representa a média de 7 (L:D = 6 : 30 h) ou 9 (L :D = 6 : 18 h) aves, e a linha vertical sobre ele indica o erro padrão. Significância da diferença ao nível de p , 0,05:

Dois resultados do presente estudo são significativos. Em primeiro lugar, a curva de resposta testicular dos pardais foi significativamente diferente da dos buntings. A curva de resposta foi menos acentuada nos pardais do que nos búteos (Fig. 17). Não sabemos exatamente porque é que estas duas espécies com um sistema circadiano fortemente auto-sustentado produziram curvas de resposta fotoperiódica diferentes, mas podemos oferecer algumas explicações plausíveis. (1) A diferença na resposta fotoperiódica reflecte a diferença entre as duas espécies na forma do ϕï (Kumar e Follett, 1993). Ou a amplitude da oscilação circadiana que define o ϕï é menor nos pardais do que nos buntings, ou a duração do Φı que interage em dias alternados com 6 h de luz entre as horas 12 e 18 do início da noite subjectiva é diferente nas duas espécies, ou ambas. (2) As caraterísticas do relógio circadiano fotoperiódico são diferentes entre duas espécies. As conclusões derivadas dos estudos da atividade e de outros ritmos, segundo as quais os pardais têm um forte sistema de pacemaker circadiano (Binkley, 1990), podem não ser inteiramente verdadeiras para o relógio circadiano fotoperiódico, que pode ser fracamente autossustentável em comparação com o relógio fotoperiódico do bunting. Isto não será surpreendente, uma vez que sabemos que os osciladores circadianos que regulam o fotoperiodismo podem ser diferentes dos que regulam outras funções circadianas (ver Kumar *et al.*, 1992). Em geral, esta interpretação é consistente com a ideia de que o sistema circadiano das aves é uma unidade multi-oscilatória (Kumar *et al.*, 2004).

Em segundo lugar, os pardais mostraram inesperadamente o início do crescimento testicular sob 6L:18D após 18 semanas e, no final da experiência, o volume médio dos testículos era significativamente diferente. Isto pode indicar que, em comparação com os buntings (Fig. 17), a RCP subjacente à sazonalidade dos pardais está fracamente ligada às variações fotoperiódicas do ambiente. Misra *et al.* (2004) sugeriram a possibilidade de dois mecanismos, o fotoperiodismo e a geração do ritmo circanual, estarem envolvidos simultaneamente na regulação da sazonalidade nas aves. Os dados actuais significam que os mecanismos de fotoperiodismo e de geração do ritmo circanual funcionam de forma específica para cada espécie? Enquanto que no papagaio-de-cabeça-vermelha o fotoperiodismo é o mecanismo dominante, no pardal-doméstico a geração do ritmo circanual é o mecanismo dominante na regulação do ciclo testicular sazonal. Tencionamos examinar estas possibilidades nas nossas investigações futuras.

Em conclusão, este estudo demonstrou pela primeira vez um ciclo completo de resposta induzida pelo fotoperíodo no âmbito do ciclo LD de Nanda-Hamner, que tem sido amplamente utilizado nas últimas quatro décadas para testar o envolvimento dos ritmos circadianos no fotoperiodismo dos vertebrados. A experiência que compara as respostas de uma espécie não migratória e de uma espécie migratória fornece provas de que o relógio fotoperiódico envolvido na regulação da sazonalidade nas aves está adaptado de forma específica à espécie, apesar de as aves partilharem propriedades oscilatórias gerais semelhantes (auto-sustentação).

B. Experiências de interrupção nocturna

Este estudo investigou a resposta fotoperiódica de pardais domésticos a ciclos de LD de interrupção nocturna que continham impulsos de arrastamento e de indução com a mesma duração, 1 hora. Cinco grupos de aves foram submetidos a experiências da seguinte forma: O grupo 1 foi exposto a 1L:8D:1L:14D, o grupo 2 a 1L:11D:1L:11D, o grupo 3 a

1L:14D:1L:8D, o grupo 4 para 1L:17D:1L:5D, enquanto o grupo 5 permaneceu em 2L:22D e serviu de controlo. As observações das alterações na massa corporal, nas cores do bico e da plumagem e no tamanho dos testículos foram registadas no início, a meio e no final da experiência de 10 semanas. Todos os grupos apresentaram uma resposta fotoperiódica, embora a taxa e a magnitude da indução fotoperiódica fossem diferentes. Estes resultados são interessantes, uma vez que não sugerem a reentrada do relógio fotoperiódico por um pulso de luz indutor que cai às 18 horas, como se verifica na população temperada desta e de outras espécies. Se a diferença na resposta fotoperiódica entre duas populações (temperada e subtropical) se deve ao curto período de luz (1 h) utilizado, como pulso E neste estudo, requer mais investigação.

As experiências de interrupção nocturna testam a validade do modelo de coincidência externa no fotoperiodismo das aves. Estas experiências, também designadas por "esqueleto fotoperiódico" ou "escotófase", baseiam-se no conceito, delineado no modelo de Bunning-Pittendrigh, de que os efeitos de um impulso de luz variam consoante o local onde incide num dia de 24 horas. Assim, um ciclo de DL consiste num período de luz curto (6-8 h) associado a um período de escuridão (18-16 h), no qual é geralmente dado um impulso de luz curto de 0,25 a 2,0 horas uma vez por ciclo em pontos temporalmente fixos. Assim, dois períodos de luz tendem a simular os efeitos de um período de luz longo correspondente. Jenner e Engels (1952) realizaram a primeira experiência deste tipo no domínio do fotoperiodismo das aves. Utilizando *Zonotrichia albicollis*, mostraram que uma luz de 2 h administrada 14 ou 16 h após o acendimento da luz de um fotoperíodo curto principal de 6 h induzia o crescimento gonadal nos pardais de garganta branca fotossensíveis, mas a mesma luz de 2 h administrada noutros momentos não causava fotoindução. Mais tarde, estas experiências foram aplicadas numa série de espécies, incluindo *Carpodacus mexicanus* (Hamner, 1964, 1968), *Zonotrichia leucophrys gambelii* (Farner, 1965; Sansum e King, 1975); *Passer domesticus* (Menaker, 1965, Murton *et al.*, 1970*); Coturnix coturnix japonica* (Follett e Sharp, 1969; Wada, 1981); *Chloris chloris* (Murton *et al*, 1970a); *Passer montanus* (Lofts e Lam, 1973); *Ploceus philippinus* (Chandola *et al.*, 1976, Singh e Chandola, 1981); *Carpodacus erythrinus* (Kumar e Tewary, 1982d), *Emberiza melanocephala* (Tewary e Kumar, 1984) e *Sturnus pagodarum* (Kumar e Kumar, 1993).

Em um fotoperíodo esqueleto, o primeiro período de luz (chamado de pulso de luz de arrasto, pulso E) dado no início do dia subjetivo "arrasta" o CRP, e assim a fase fotoindutível (ϕi) começa algumas "fixas" horas mais tarde no dia. Assim, o pulso E arrasta a curva de resposta fotoperiódica e decide o momento do ϕi. A luz que coincide com o ϕï inicia a reação fotoperiódica. Portanto, a força (duração, intensidade da luz ou comprimento de onda da luz) do pulso E pode influenciar a indução fotoperiódica. Há cerca de três décadas e meia, Follett e Sharp (1969) forneceram as primeiras evidências de que, em codornas japonesas expostas a fotoperíodos diários de esqueleto, uma diminuição e um aumento na duração dos avanços e atrasos do pulso E, respetivamente, o ϕË Singh *et al.* (2002) também encontraram os efeitos da duração e do momento do pulso E na indução fotoperiódica no bunker de cabeça preta.

O presente estudo investigou se os pardais domésticos que vivem a 27^0N, 81^0E respondem a ciclos de LD com interrupção nocturna da mesma forma que outras aves fotoperiódicas, incluindo as suas populações temperadas. Uma vez que a intensidade do impulso E pode influenciar a indução fotoperiódica, as presentes experiências utilizaram um paradigma de fotoperíodo de esqueleto simétrico em que os impulsos E e I tinham a mesma duração, 1 hora.

Esta experiência começou com um lote de aves adultas machos que foram capturadas localmente na natureza, aclimatadas às condições de cativeiro durante alguns dias e depois mantidas no interior de uma sala com um regime de iluminação 8L:16D. Assim, tiveram cerca de 5 semanas de exposição a dias curtos quando foram empregues nesta experiência. Antes do início da experiência propriamente dita, as aves foram submetidas a períodos de luz que diminuíam 2 h por dia até serem expostas a 2L:22D. Após uma semana de 2L:22D, cinco grupos de aves (n = 6-8) foram submetidos a ciclos de DL da seguinte forma: O grupo 1 foi exposto a 1L:8D:1L:14D, o grupo 2 a 1L:11D:1L:11D, o grupo 3 a 1L:14D:1L:8D, o grupo 4 a 1L:17D:1L:5D, enquanto o grupo 5 permaneceu em 2L:22D e serviu de controlo. A experiência decorreu durante um período de 10 semanas. As observações sobre as alterações na massa corporal, nas cores do bico e da plumagem e no tamanho dos testículos foram registadas no início, a meio e no final das experiências.

Houve uma variação significativa na massa corporal durante o período da experiência nos grupos 2L:22D e 1L:14D:1L:8D (Fig. 18a). Os testículos foram estimulados de muito pequenos a grandes no final da experiência em todos os grupos, mas foram encontrados testículos totalmente aumentados em 1L:11D:1L:11D (Fig. 18c). Nos outros quatro grupos, foram encontrados testículos parcialmente desenvolvidos após 5 semanas no grupo 1L:17D:1L:5D e após 10 semanas nos restantes três grupos, 2L:22D, 1L:8D:1L:14D e 1L:14D:1L:8D (Fig. 18c). No entanto, o crescimento dos testículos foi muito variável. Na 10ª semana, apenas uma ave do grupo 2L:22D tinha testículos totalmente desenvolvidos (volume médio dos testículos = 19,5±13,4 mm^3). Semelhante foi o caso com o grupo 1L:8D:1L:14D (volume médio dos testículos = 15,7±7,6 mm^3) ou com o grupo 1L:14D:1L:8D (volume médio dos testículos = 22,2±6,8 mm^3) (fig. 18c).

A mudança na cor do bico seguiu mais ou menos o ciclo testicular. Não houve mudança na cor do bico sob 2L:22D e 1L:17D:1L:5D, mas o bico ficou mais escuro sob 1L:8D:1L:14D, 1L:11D:1L:11D e 1L:14D:1L:8D (Fig. 18b). As penas da cabeça tornaram-se mais escuras na semana 5 em todos os grupos (Fig. 18e). Uma tendência semelhante foi seguida pela cor da plumagem do peito (Fig. 18d).

As presentes descobertas confirmam as descobertas anteriores sobre o pardal doméstico temperado (Menaker, 1965; Murton *et al.*, 1970), segundo as quais, a 27^0 N; 81^{0}E, os pardais apresentam respostas circadianas aos fotoperíodos de esqueleto. As aves discriminam a duração do dia utilizando o seu RCP de resposta diferencial em diferentes alturas da fase fotoindutível. Estes dados corroboram os de Hamner (1968), Farner (1965), Wolfson (1965a,b), Follett e Sharp (1969), Murton *et al*, 1970, 1970a,b), Lofts e Lam (1973), Chandola *et al.* (1976), Kumar e Tewary (1982d), Tewary e Kumar (1984) e Kumar e Kumar (1993) que demonstram que, quando um impulso de luz potencialmente não estimulante de 2 h é dado em duas fracções de 1 h, alguns dos grupos comportam-se como se estivessem expostos a dias longos fotoestimulantes. Assim, nem a quantidade de luz ou escuridão diária nem a relação entre luz e escuridão é um fator importante na determinação da resposta fotoperiódica. Em vez disso, a posição do pulso de luz administrado em relação à fase fotoindutível da RCP determina a resposta. A fotoindução ocorre se e somente se a luz interage com a fase fotoindutível (Pittendrigh, 1972; Bunning, 1973; Follett, 1973b; Kumar e Follett, 1993). Pelo contrário, se a luz incidir na fase não fotoindutível, haverá um efeito de dia curto; por conseguinte, não ocorrerá fotoestimulação, mas sim o fim da fotorrefracção (Sansum e King, 1975; Kumar e Tewary, 1984).

A resposta dos pardais na presente experiência é interessante. Todos os grupos apresentaram uma resposta fotoperiódica, embora a taxa e a magnitude da indução fotoperiódica tenham sido diferentes. Por exemplo, dos cinco grupos, apenas as aves expostas a 1L:11D:1L:11D apresentaram uma resposta completa. Por outro lado, a resposta foi meio-máxima no grupo 1L:17D:1L:5D. Em contraste, nos outros três grupos, não houve resposta após 5 semanas e apenas uma pequena resposta (os testículos foram recrudescidos até um terço do tamanho máximo) ocorreu após 10 semanas.

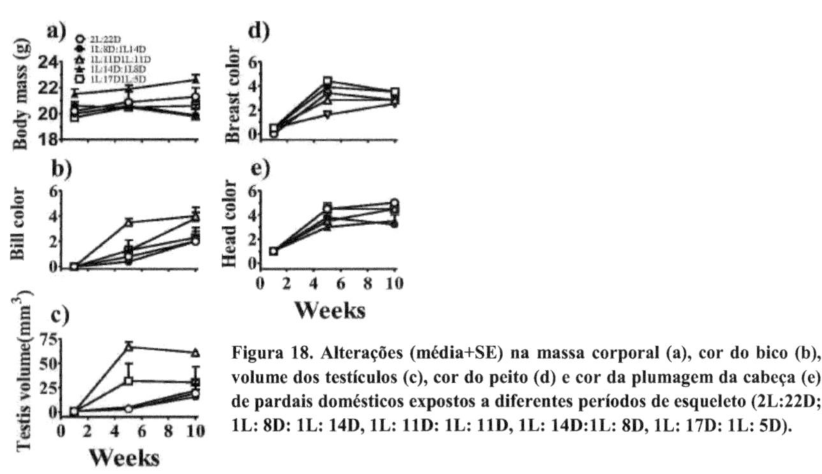

Figura 18. Alterações (média+SE) na massa corporal (a), cor do bico (b), volume dos testículos (c), cor do peito (d) e cor da plumagem da cabeça (e) de pardais domésticos expostos a diferentes períodos de esqueleto (2L:22D; 1L: 8D: 1L: 14D, 1L: 11D: 1L: 11D, 1L: 14D:1L: 8D, 1L: 17D: 1L: 5D).

No entanto, as respostas do pardal neste estudo não estão em total concordância com os outros resultados do fotoperíodo do esqueleto relatados na literatura (por exemplo, Hamner, 1964; Farner, 1965; Sansum e King, 1975; Menaker, 1965, Murton *et al*, 1970a; Follett e Sharp, 1969; Wada, 1981; Lofts e Lam, 1973; Chandola *et al.*, 1976, Singh e Chandola, 1981; Kumar e Tewary, 1982d; Tewary e Kumar, 1984; Kumar e Kumar, 1993) pelas seguintes razões. Primeiro, a luz em horários que supostamente caem na fase não-fotoindutível (1L:8D:1L:14D), que deveria produzir efeitos de dias curtos, também foi indutora (embora muito fracamente) após 10 semanas. Vale a pena mencionar que se tivéssemos terminado estas experiências após 5 semanas, não teríamos visto a fotoindução em certos ciclos de DL. Em segundo lugar, a luz administrada tarde da noite, 18 h após o início da fotofase (1L:17D:1L:5D), que pode causar a reentrada do CPR e, portanto, ser lida como 1L:5D:1L:17D e deveria ter actuado como um dia curto, produziu indução fotoperiódica (embora meio-máxima) em 5 semanas.

A reentrada do relógio fotoperiódico foi demonstrada em várias espécies. Lofts (1975) sugeriu que a causa da bimodalidade na resposta dos pardais se devia à reentrada do relógio fotoperiódico quando o impulso de luz caía 14 horas após o início do primeiro período de luz. Anteriormente, Pittendrigh e Minis (1964), em insectos, e Menaker (1965), em aves, tinham demonstrado que um impulso de luz que caía até 13 horas após o "amanhecer" actuava como fotoperíodo estimulador e que, a partir daí (15 horas e mais tarde), um impulso de luz era lido no sentido inverso - o início do segundo impulso (indutor, I) era lido como amanhecer. Recentemente, a reentrada e a reinterpretação do pulso E e do pulso I originais como pulso I e pulso Ep, respetivamente, foi demonstrada no bunker de cabeça preta (Singh *et al.*, 2002). Em particular, o facto mais interessante é que Menaker (1965) mostrou que os pardais domésticos temperados reentram e lêem 4L:12D:2L:6D como 2L:6D:4L:12D, o que parece contrário aos presentes resultados.

Os resultados actuais significam então que o relógio fotoperiódico do pardal que vive a 27^{0}N, 81^{0}E possui caraterísticas diferentes da sua população temperada? As respostas diferenciais dependentes da população não são surpreendentes, tendo em conta os resultados relativos às codornizes japonesas. As codornizes apresentam um único pico de crescimento testicular, apesar de o impulso I ter diminuído de 15 a 18 horas após o início da fotofase principal (Follett e Sharp, 1969). No entanto, Wada (1979) encontrou um pico duplo de crescimento dos testículos na codorniz japonesa. Siopes e Wilson (1980) também confirmaram este pico bimodal de resposta dos testículos na codorniz. É também provável que a diferença entre os diferentes grupos na presente experiência se deva a um pulso E curto, que pode ter arrastado o RCP de forma frouxa e, por isso, o ϕï não foi rigidamente posicionado em relação ao pulso de luz em ciclos sucessivos de DL. Sabemos que a duração do pulso E causa mudança de fase no Φ_I em codornas japonesas (Follett e Sharp, 1969). Estes aspectos têm de ser examinados num estudo futuro sobre esta espécie.

6. RESPOSTAS SAZONAIS NAS FUNÇÕES CIRCADIANAS

As aves utilizam relógios circadianos endógenos para regular um vasto leque de funções. No ambiente natural sincronizado com o ciclo dia-noite, exibem estes ritmos diários na fisiologia e no comportamento. No entanto, ainda não se sabe se estes ritmos diários têm uma perspetiva sazonal. O estudo investigou esta questão medindo o comportamento de atividade regido pelo relógio circadiano em pardais domésticos (*Passer domesticus*) expostos a ciclos de luz-escuridão (LD) naturais e artificiais a 27°N (Lucknow, Índia). A atividade diária dos pardais foi registada em condições naturais de luz do dia e temperatura (NDL) durante cerca de 11 meses, com início no final de março. Com inícios mais precisos do que fins, os pardais apresentaram padrões de atividade diária e duração variados entre estações. Outras experiências investigaram o efeito das estações nas caraterísticas do ritmo circadiano em pardais expostos a luz fraca constante (<1 lux) em diferentes alturas do ano. O período do ritmo circadiano, o padrão de atividade e a duração, mas não a sensibilidade do relógio endógeno, como demonstrado pelas mudanças de fase induzidas pela luz, variaram significativamente ao longo das estações. Além disso, o tempo de ressincronização (dias) não diferiu entre as estações; embora tenha sido significativamente mais longo atrasar do que avançar 6 h LD zeitgeber shifts. Assim, o relógio endógeno parece corresponder estreitamente ao fotoperíodo ambiental na determinação do comportamento de atividade diária dos pardais domésticos.

As aves, tal como outras espécies, utilizam relógios circadianos endógenos (circa = cerca de; dies = dia) na regulação de uma vasta gama de funções. No ambiente natural, apresentam estes relógios em ritmos diários de alterações fisiológicas e comportamentais, sincronizados com alterações no ciclo claro-escuro (LD) (fotoperíodo). Na ausência de um ambiente LD, os relógios endógenos funcionam livremente com os seus períodos naturais, resultando na expressão de ritmos circadianos em funções evidentes. A sincronização entre os ritmos circadianos endógenos e os ciclos LD exógenos é conseguida através de mudanças de fase induzidas pela luz, cuja quantidade e direção podem ser influenciadas por vários factores, incluindo a sensibilidade do(s) oscilador(es) endógeno(s) e a intensidade do estímulo luminoso (Pittendrigh & Daan 1976a, 1976b).

Uma questão de grande interesse é investigar se as funções controladas pelo relógio circadiano são afectadas pelas estações do ano. Esta questão pode ser abordada através da medição do comportamento da atividade diária - um ensaio fiável da atividade do relógio circadiano - em organismos expostos a ciclos de DL programados durante diferentes estações do ano. Estudos anteriores descreveram o padrão de atividade diária de várias aves, incluindo o chapim-real (*Parus major*), o pardal-de-coroa-branca (*Zonotrichia leucophrys*), o estorninho europeu (*Sturnus vulgaris*), o pisco-de-peito-ruivo (*Fringilla coelebs, Fringilla montifringilla*), o tentilhão-verde (*Chloris chloris*), o siskin (*Carduelis spinus*) e o pica-pau-grande (*Dendrocopus major*) (Aschoff 1969; Smith et al. 1969; Daan & Aschoff 1975; Gwinner 1975; Pohl 1977).

A diferença na amplitude do ciclo fotoperiódico anual entre latitudes altas e baixas pode ter um impacto significativo nas adaptações fisiológicas e comportamentais sazonais (Bradshaw & Holzapfle 2007; Helm et al. 2009). Por conseguinte, uma comparação do comportamento de atividade entre populações de uma espécie em altas e baixas latitudes revelaria o efeito do ambiente fotoperiódico latitudinal, se é que existem adaptações circadianas na fisiologia e no comportamento das aves canoras. Para investigar esta questão, foi selecionado o pardal doméstico, uma espécie que tem sido amplamente utilizada para estudos do ritmo circadiano em latitudes temperadas (Menaker & Eskin 1966; Menaker 1968; Binkley 1990; Binkley & Mosher 1992; Hau & Gwinner 1996; Cassone et al. 2008). Aqui, as experiências examinaram se o ciclo fotoperiódico sazonal influenciava as respostas circadianas do pardal doméstico subtropical. Especificamente, monitorizámos o comportamento de atividade regulado pelo relógio circadiano de pardais domésticos em cativeiro sob condições naturais de luz do dia e temperatura (NDL) em Lucknow, Índia (27°N, 81°E), durante cerca de um ano, e medimos as caraterísticas do ritmo circadiano, nomeadamente o período, a fase e a amplitude, de pardais expostos a luz programada e a condições de luz constante durante diferentes estações e fases do ciclo reprodutivo.

Os pardais domésticos adultos foram capturados com redes de neblina e aclimatados às condições de cativeiro num aviário exterior durante cinco dias antes do início da experiência, salvo indicação em contrário. A comida e a água foram fornecidas ad libitum. Foram realizadas duas experiências com pardais que foram alojados individualmente em gaiolas de atividade (tamanho = 60 x 45 x 35 cm) equipadas com dois poleiros e montadas com um sensor infravermelho passivo de movimento (Haustier PIR-Melder) (sistemas C e K [Intellisense XJ-413T] Conrad Electronics, Alemanha). Em ambas as experiências, a atividade geral de cada ave foi monitorizada, tal como previamente descrito por Malik et al. (2004). Resumidamente, um sensor de infravermelhos detectava o movimento geral da ave na sua gaiola e transmitia-o para um canal designado do sistema computorizado de aquisição de dados. A recolha, os gráficos e a análise do comportamento da atividade foram efectuados utilizando o programa de software "The Chronobiology Kit" da Stanford Software Systems, Stanford, EUA. Foi obtido um registo da atividade de cada indivíduo, designado por actograma, durante toda a duração da experiência.

Experiência 1: padrão de atividade em fotoperíodos naturais

A partir da última semana de março, os pardais foram alojados individualmente em gaiolas de atividade colocadas na instalação de registo de atividade exterior, com acesso livre ao NDL. A atividade foi registada durante os 11 meses seguintes. Analisámos o padrão de atividade diária de cada ave individual em quatro momentos da experiência, correspondendo a diferentes fases do ciclo anual fotoperiódico e reprodutivo. Para isso, foram calculadas a quantidade (número de movimentos ao longo de 24 h, do nascer ao nascer do sol do dia seguinte), a duração (horas de atividade, intervalo entre o início e o fim da atividade em cada dia), a distribuição (atividade horária ao longo de 24 h) e a diferença de fase (diferença nas horas de início e fim da atividade em cada dia em relação às horas do nascer e do pôr do sol, respetivamente) ao longo de um segmento de 10 dias no início (última semana de março) e em junho, setembro e janeiro durante a experiência. Os dados sobre as horas do nascer e do pôr do sol foram obtidos na estação meteorológica local, tal como publicados diariamente num jornal nacional.

Experiência 2: efeitos das estações do ano nas caraterísticas do ritmo circadiano

Esta experiência investigou o efeito das estações do ano nos ritmos circadianos do comportamento de atividade em três sub-experiências. O experimento 2A mediu o período e a amplitude do ritmo de atividade circadiana em Sparrows que foram expostos a luz fraca constante (LLdi $_{m}$; <1 lux) por oito semanas, começando em março, setembro e janeiro. De cada vez, as aves foram levadas para dentro de casa e expostas a LLdi$_{m}$ poucas horas após a sua captura. Assim, não foram aclimatadas às condições de aviário antes de serem libertadas para LLdi$_{m}$. O período circadiano (tau, τ), a duração, a quantidade e a distribuição da atividade ao longo de um dia circadiano foram determinados com referência aos inícios de atividade, utilizando dados de atividade ao longo de 10 segmentos de dias circadianos no início e no fim de LLdi$_{m}$.

A experiência 2B mediu as mudanças de fase induzidas pela luz em Sparrows submetidos a LLdi $_{m}$ (<1 lux), começando em janeiro, março, junho e setembro. De cada vez, após ter sido atingida uma fase circadiana estável num período de cerca de uma semana, um único impulso de luz de 2 h

(~500 lux) foi introduzido em CT11 ou CT20 (hora circadiana, CT0= hora do início da atividade) nas mesmas aves durante 7-9 semanas de LLdim. A mudança de fase com referência ao início da atividade e a alteração em τ foram calculadas utilizando registos diários de atividade durante sete dias antes e depois do impulso de luz.

A experiência 2C teve uma duração total de seis semanas. Aqui, foi utilizado um protocolo de jetlag para determinar o efeito das estações do ano nos tempos de ressincronização em pardais (n = 5-7 fêmeas) que foram expostos a 12L:12D (L = 10,0 ± 0,5 lux; D = <1 lux), com início em fevereiro, maio, agosto e novembro. De cada vez, após duas semanas de 12L:12D inicial, o tempo do ciclo LD (zeitgeber; zeit = tempo, geber = doador) foi movido para leste com um avanço de 6 h no início da luz para metade das aves, e movido para oeste com um atraso de 6 h no deslocamento das luzes para a outra metade das aves. Esta situação inverteu-se após duas semanas da primeira deslocação do zeitgeber LD. Calculámos o tempo de ressincronização contando o número de ciclos de transientes após os quais o ritmo da atividade circadiana foi sincronizado de forma estável com a alteração dos tempos do ciclo de DL.

A massa corporal de uma ave individual foi registada por pesagem numa balança de topo com uma precisão de 0,1 g. Para a medição do tamanho das gónadas, as aves, sob anestesia local, foram laparotomizadas com uma pequena incisão entre as duas últimas costelas do flanco esquerdo (Kumar et al. 2001). Foram medidos o comprimento e a largura do testículo esquerdo ou o diâmetro do maior folículo ovariano. O tamanho do testículo foi representado como volume testicular, que foi calculado com a fórmula 4/3nab2, em que a e b denotam metade dos eixos longo (comprimento) e curto (largura), respetivamente.

Experiência 1: padrão de atividade-repouso em fotoperíodos naturais

A tendência geral da atividade foi semelhante em todos os indivíduos e consistente com o padrão de atividade típico de uma espécie diurna (Fig. 19, painel esquerdo). Os pardais estavam activos durante o dia e inactivos à noite, com uma diferença sazonal na distribuição da atividade ao longo das horas de luz (Fig. 19, painel da esquerda; a-d). Os pardais expressaram um padrão de atividade bimodal com períodos de atividade matinal e nocturna relativamente intensos durante o final de março e janeiro, mas não durante junho e setembro (cf. Fig. 19a-d). Os inícios de atividade são mais precisos do que os fins, como o indicam as maiores variações individuais destes últimos (cf. Fig. 19e,f). Os inícios e os fins de atividade precedem sempre as horas do nascer e do pôr do sol, respetivamente, mas o intervalo entre eles varia durante os diferentes meses (cf. Fig. 19e,f). Por exemplo, os inícios de atividade ocorreram muito mais cedo em relação às horas do nascer do sol durante março e junho, mas os dois quase se sobrepuseram durante setembro e janeiro (Fig. 19e). Da mesma forma, o fim da atividade foi antes do pôr do sol durante o período de março a setembro, mas os dois sobrepuseram-se durante janeiro (Fig. 19f). Assim, a atividade diária foi sincronizada com o fotoperíodo dominante com uma diferença de ângulo de fase (y) durante março-abril (v_{onset} = 0,3 ± 0,5 h; vend = 0,8 ± 0,3 h) e junho (v_{onset} = 0,2 ± 0,3 h; v_{en}d = 1,2 ± 0,4 h), mas não durante dezembro (Fig. 19e,f). Em setembro, apenas os extremos de atividade tiveram uma diferença de fase (v_{en}d) de 0,6 ± 0,1 h (Fig. 19e,f)).

Assim, a duração da atividade diária (alfa, a, determinada como o intervalo entre o início e o fim da atividade em cada dia) foi significativamente diferente durante estas quatro épocas do ano (Fig. 1g). a foi significativamente maior e menor durante junho e dezembro, respetivamente, e foi semelhante durante março e setembro (Fig. 1g). A quantidade de atividade diária não diferiu nestas quatro épocas (Fig. 1h), embora as aves tenham tido níveis de atividade relativamente baixos em setembro (Fig. 1c,h).

Experiência 2: Efeitos da estação do ano nas caraterísticas do ritmo circadiano

Experiência 2A: efeitos na condição de corrida livre

Os pardais tinham uma massa corporal normal e ovários reprodutivamente inactivos durante as três épocas, ou seja, março, setembro e janeiro, exceto no que diz respeito ao crescimento folicular ligeiramente iniciado em alguns indivíduos do grupo de março (Fig. 20d,h). Quando sujeitos a $LLdi_m$, os pardais libertaram-se (Fig. 20, painéis da esquerda) com períodos circadianos (tau, T) significativamente diferentes durante as três épocas do ano (Fig. 20f). Quando comparadas, as aves apresentaram T significativamente mais curto em março do que em setembro, mas não em janeiro. A distribuição da atividade ao longo do ciclo circadiano no início e no fim da experiência (Fig. 20a,c), das contagens de atividade ao longo de 24 horas circadianas durante 10 dias circadianos, mostrou um efeito significativo das épocas do ano e do dia circadiano, mas não da interação entre eles. Além disso, a duração da atividade (a por ciclo circadiano) variou significativamente durante as três épocas do ano (Fig. 20e). Foi significativamente mais longa em março do que em setembro ou janeiro (Fig. 20e). As aves tiveram a semelhante durante setembro e janeiro (Fig. 20e). No entanto, os níveis de atividade medidos como número total de movimentos por ciclo circadiano não foram significativamente diferentes entre os três meses, embora as aves em janeiro tenham tido níveis de atividade relativamente baixos (Fig. 20g).

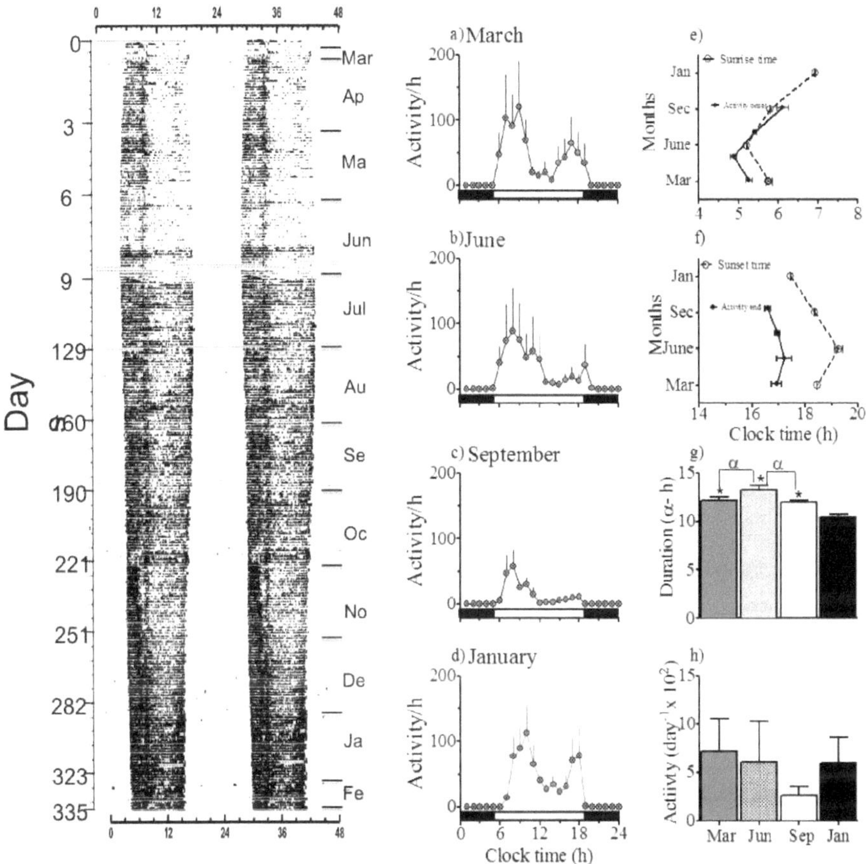

Figura 19. Padrão de atividade-repouso em condições naturais de luz e temperatura (NDL) a 26°55'N; 80°.59'E (Lucknow, Índia). Painel da esquerda: registo da atividade (actograma) de um indivíduo representativo mantido sob NDL de finais de março a fevereiro próximo. (a) - (d): perfil de atividade diária (movimento horário ao longo de 24 h) durante 10 dias (média ± SE) no início (março-abril), e durante junho, setembro e dezembro. (e) e (f) mostram a relação (diferença de fase, média ± SE) entre o nascer do sol e o início da atividade (e) ou o pôr do sol e o fim da atividade (f). Da mesma forma, g e h mostram a duração média (±SE) (alfa, a) e a quantidade (número total de movimentos durante 24 horas, média ± SE), respetivamente. * significância da diferença em relação ao valor mais pequeno; a 65 significância da diferença entre dois valores (p < 0,05; teste de Newman-Keuls).

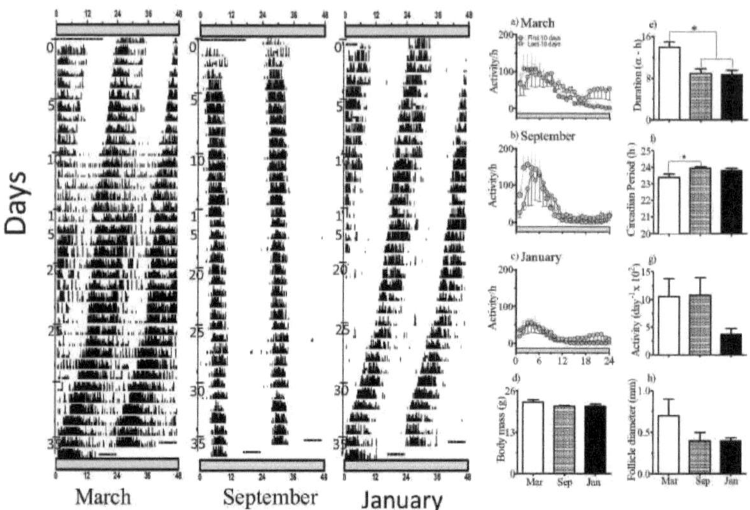

Figura 20. Painéis da esquerda: registo da atividade (actograma) de um indivíduo representativo exposto a luz fraca constante (LLdim) em março (extrema esquerda), setembro (meio) e janeiro (direita). (a) - (c): atividade circadiana em 10 ciclos durante os meses de março (a), setembro (b) e janeiro (c). (d) - (h) mostram (média ± SE) a massa corporal (d), a duração da atividade (e), o período circadiano (f), a quantidade de atividade (número total de movimentos ao longo do ciclo circadiano (g), e o diâmetro do folículo (h) para os meses de março, setembro e janeiro. Os dados relativos à massa corporal e ao tamanho dos folículos foram registados no início da experiência. * Diferença significativa entre os meses (p < 0,05; teste de Newman-Keuls).

Experiência 2B: Efeitos nas mudanças de fase induzidas pela luz

Os pardais não apresentaram uma mudança significativa na massa corporal (Fig. 21e), mas passaram por um ciclo testicular sazonal (Fig. 21j). Os testículos eram pequenos e reprodutivamente inactivos em janeiro, recrudesciam em março e regrediam de junho a setembro (Fig. 21j). Quando libertadas em $LLdi_m$, todas as aves freeran com o seu período endógeno, independentemente da época do ano (Fig. 21). Houve uma diferença significativa em τ durante quatro épocas do ano (Fig. 21f-i). Quando comparadas, as aves tiveram τ significativamente mais curto em março do que em junho e setembro, mas não em janeiro. O pulso de luz em CT 11 e CT 20 induziu atrasos e avanços de fase, respetivamente, sem diferença significativa na quantidade de mudanças de fase durante as quatro épocas do ano (Fig. 21a,d). Além disso, o pulso de luz em qualquer fase circadiana não alterou o τ (cf. Fig. 21f, i).

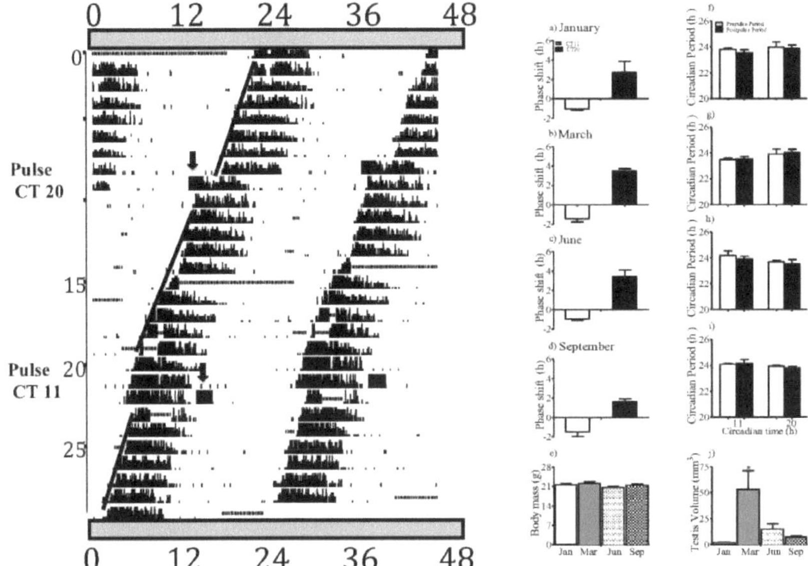

Figura 21 Registo da atividade (actograma, painel da esquerda) de um indivíduo representativo exposto a luz fraca constante (LLdim) em janeiro, março, junho e setembro. O actograma é apresentado apenas para o mês de junho. A quantidade média (± SE) e a direção da mudança de fase após um único pulso de luz de 2 h em CT11 ou CT 20 indicado por uma seta invertida são representadas no painel do meio ((a) - (d)). O painel direito ((f)-(i)) mostra o período circadiano médio (± SE) antes e depois do pulso de luz. (e) e (j) mostram a média (± SE) da massa corporal e do volume dos testículos no início da experiência nos respectivos meses. *diferença significativa entre os meses (p < 0,05; teste de Newman-Keuls).

Experiência 2C: Efeitos nos tempos de ressincronização

Os pardais não diferiram na massa corporal e no tamanho folicular durante quatro épocas (fevereiro, maio, agosto e novembro) do ano (Fig. 22c,f). Durante estes meses, encontravam-se no estado reprodutivamente inativo. Quando a sua atividade foi medida, todas as aves estavam sincronizadas com o fotoperíodo 12L:12D (Fig. 22, painel esquerdo). Como revelado pelo número de ciclos transitórios, os pardais demoraram significativamente mais tempo a ressincronizar-se com 6 h de atraso do que com 6 h de avanço do ciclo LD durante as quatro épocas do ano (Fig. 22a,d).

No entanto, os tempos de ressincronização não diferiram entre as quatro épocas do ano, nem atrasaram nem adiantaram as mudanças de zeitgeber (cf. Fig. 22a,d).

Estes resultados mostram uma diferença sazonal distinta na resposta do relógio endógeno, conforme medido no padrão de atividade, que geralmente seguiu o ciclo fotoperiódico natural, com alterações no padrão de distribuição da atividade (Fig. 19). Os pardais estiveram activos durante o dia, com períodos de atividade mais intensos de manhã e à noite, de acordo com um padrão de atividade bimodal (Fig. 19), tal como é referido noutras aves diurnas, incluindo os pardais domésticos temperados (Daan & Aschoff 1975; Binkley & Mosher 1992; Gupta & Kumar 2013). Curiosamente, os pardais perderam a atividade nocturna a partir de junho (Fig. 19b,c), mas recuperaram-na em janeiro (Fig. 19d). Um padrão de atividade bimodal é frequentemente considerado consistente com a proposta de que reflecte a atividade dos osciladores circadianos matinais (M) e noturnos (E). Por conseguinte, poderíamos argumentar que, em resposta às condições fotoperiódicas prevalecentes durante as diferentes estações do ano, os osciladores circadianos M e E dos Pardais domésticos sofreram alterações significativas na sua atividade ou alteraram consistentemente a sua relação de fase entre si (cf. Daan & Aschoff 1975). Uma mudança sazonal no comportamento da atividade também foi relatada em alguns vertebrados e invertebrados não homeotérmicos. Os lagartos das ruínas (Podarcis sicula) apresentam alterações sazonais entre padrões unimodais e bimodais na sua atividade locomotora, com diferenças tanto na duração como no período em condições de DL (Foa et al. 1994) e em condições constantes (Foa et al. 1994). Nas espécies de peixes burbot (*Lota lota*) e chub do lago (*Couesius plumbeus*), T varia consistentemente com as estações do ano (Kavaliers 1978, 1980). Do mesmo modo, os crustáceos beachflea (*Orchesti montagui*) e sand hopper (*Talitrus saltator*) apresentam alterações sazonais na sua atividade locomotora, com t mais longo no inverno e no verão do que na primavera e no outono, sob DD (Nardi et al. 2003; Jelassi & Narsi-Ammar 2012).

É interessante analisar a dependência sazonal dos ritmos de atividade circadiana nos pardais domésticos, comparando o comportamento de atividade das suas populações temperadas e subtropicais. Em pardais temperados mantidos em NDL, a foi mais curta (9,6 h) em dezembro (comprimento do dia = 9,4 h) e mais longa (15 h) em junho (comprimento do dia = 15,02 h), com pequenas alterações no início e fim da atividade (Binkley & Mosher 1992). Assim, em relação à duração do dia nessas latitudes, a foi aumentado em cerca de 0,2 h durante o verão e diminuído em cerca de 0,3 h durante o inverno. Além disso, os inícios e fins de atividade definem a fase do ritmo circadiano antecipada em cerca de 0,2 h em relação às horas do nascer e do pôr do sol durante o verão e o inverno, respetivamente (Binkley & Mosher 1992).

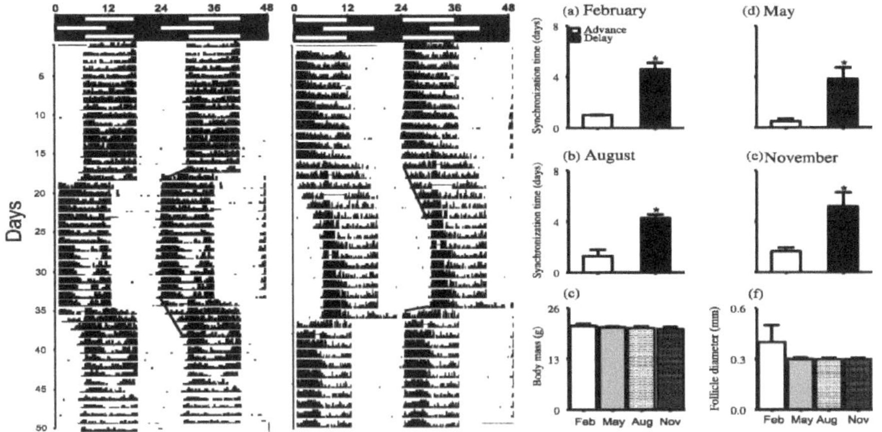

Figura 22. Painéis da esquerda: registo da atividade (actograma) de um pardal doméstico representativo exposto a 12L:12D com mudanças no tempo do ciclo de luz em intervalos de duas semanas durante fevereiro, maio, agosto e novembro. Metade das aves foi sujeita primeiro a um adiantamento e depois a um atraso de 6 h na hora de acender as luzes (actograma da esquerda), e a outra metade foi sujeita primeiro a um atraso e depois a um adiantamento de 6 h na hora de acender as luzes (actograma da direita). (a) - (d) mostram o tempo (em dias, média ± SE), que os pardais levaram para ressincronizar com 6 h LD zeitgeber shifts. (c) e (f) mostram dados sobre a massa corporal e o diâmetro dos folículos recolhidos no início da experiência. * Diferença significativa no tempo de ressincronização entre os turnos de avanço e atraso do zeitgeber ($p < 0{,}05$; teste t de Student).

A figura 1 mostra que a relação entre o comportamento de atividade dos pardais durante o ciclo fotoperiódico anual a 27°N é muito semelhante à descrita para os pardais domésticos temperados (cf. Binkley 1990; Binkley & Mosher 1992). Existem, no entanto, pequenas diferenças nas respostas circadianas entre duas populações de pardais (cf. Fig. 19-22; Binkley & Mosher 1992), talvez devido a influências adaptativas nos relógios endógenos dos organismos nas respectivas latitudes (Aschoff 1981; Helm et al. 2009; Kumar et al. 2010).

O comportamento da atividade também pode ser influenciado pelo LHS reprodutivo, devido a alterações no meio interno (por exemplo, hormonas). Assim, as caraterísticas do ritmo circadiano podem mostrar diferenças significativas entre a primavera e o outono, as épocas de duração do dia semelhantes, mas contrastando estágios reprodutivos com diferença nos níveis hormonais circulantes em várias aves (Pohl 1972; Daan & Aschoff 1975; Gupta & Kumar 2013). Em geral, a tende a ser mais longa com a fase de atividade a liderar durante o início da época de reprodução na primavera do que durante o período de quiescência sexual no outono (Aschoff & Wever 1962; Enright 1966; Aschoff 1969; Daan & Aschoff 1975). Sugere-se que um início precoce da atividade durante a primavera confere vantagens à defesa territorial e a outras actividades matinais, incluindo a procura de alimentos nas aves (Daan & Aschoff 1975). Em estorninhos europeus mantidos sob $LLdi_m$ ou DD, a aumentou e diminuiu com a recrudescência e regressão dos testículos, respetivamente, sem efeito sobre T (Turek & Gwinner 1982).

Quando considerados os dados sobre o tamanho das gónadas nestas experiências (experiência 2; Fig. 20 e 22) e os relatados por Trivedi et al. (2006), parece que o estado reprodutivo pode influenciar as caraterísticas do ritmo circadiano no pardal doméstico subtropical. Em Lucknow (Índia), os pardais domésticos apresentam maturação gonadal entre março e maio, embora com variações individuais na fase de recrudescência gonadal medida desde o início da recrudescência até à regressão das gónadas (Trivedi et al. 2006; Fig. 2-4). Por conseguinte, gostaríamos de sugerir que as caraterísticas do ritmo circadiano (T, fase, amplitude e a) nos Pardais domésticos subtropicais sofreram modulações sazonais, sem alterações nas caraterísticas de arrastamento, tal como refletido pelas mudanças de fase induzidas pela luz e pelo tempo de ressincronização com as mudanças de zeitbgeber. Isto pode ser adaptativo para que os pardais domésticos, tal como outros organismos, sincronizem a sua atividade com o fotoperíodo prevalecente e reconheçam a hora local, possivelmente através de alterações na relação de fase entre os osciladores dos componentes M e E por coincidência interna (Pittendrigh 1972). A forma como isto é conseguido nos pardais domésticos subtropicais está ainda por investigar.

REFERÊNCIAS

Adams, J.L. 1955. Progesterone-induced unseasonable moult in Single Comb White Leghorn pullets. *Poult. Sci.* 34: 702-707.

Albers, H.E. 1981. As hormonas gonadais organizam e modulam o sistema circadiano do rato. *Am. J. Physiol.* 241: R62-R66.

Ali, S. e Ripley, S.D. 1974. *Handbook of the birds of India and Pakistan.* Vol. 10. Oxford University Press, Bombaim, Londres, Nova Iorque.

Aschoff, J. 1955. Jahresperiodik der Fortpflanzung bei Warmblutern. *Stud. Gen.* 8: 742-776.

Aschoff, J. 1960. Componentes exógenos e endógenos nos ritmos circadianos. *Cold Spring Harbour Symp. Quant. Biol.* 25: 11-28.

Aschoff, J. 1967. Ritmos circadianos nas aves. In: *Proc. XIV Internat. Congr. Ornitologia*, Ed. O.W. Snow. Oxford, Blackwell. 81-105

Aschoff, J. 1969. Phasenlage der Tagesperiodik in Abhangigkeit von Jahreszeit und Breitengrad. *Oceologia (Berl.)* 3 : 125-165.

Aschoff, J. 1981. Um estudo sobre os ritmos biológicos. In: *Handbook of behavioural Neurobiology*, Vol. 4.

Ed. J. Aschoff. Plenum Publishing Corporation, Nova Iorque. 3-10.

Aschoff, J e Wever, R. 1962. Beginn und Ende der Aktivitat freilebender Vogel. *J. Ornithol.* 103: 127.

Aschoff, J e Pohl, H. 1978. Relações de fase entre um ritmo circadiano e seus zeitgebers dentro da faixa de arrastamento. *Naturwissenschaften* 65: 415-428.

Aschoff, J. Daan, S. e Homna, K.I. 1982. Zeitgebers, entrainment, and masking: Some unsettled questions. In : *Vertebrate circadian system*, Eds. J. Aschoff, S. Daan e G. Groos. Springer-Verlag. 13-24.

Baker, J.R. 1938. A evolução das épocas de reprodução. In: *Evolution*, Ed. G.R. de Beer. Oxford University Press. 161-177.

Ball, G.F. e Bentley G.E. 2000. Neuroendocrine mechanisms mediating the photoperiodic and social regulation of seasonal reproduction in birds. In: *Reproduction in context,* Eds. K. Wallen e J. Schneider. MIT Press. 129-158.

Bartholomew, G.A. 1949. O efeito da intensidade da luz e da duração do dia na reprodução do

Pardal inglês. *Bull. Mus. Comp. Zool.* 101: 431-476.

Beletsky, L.D. Orians, G.H. e Wingfield, J.C. 1992. Padrões anuais dos níveis circulantes de testosterona e corticosterona em relação à densidade de reprodução, experiência e sucesso reprodutivo do melro-de-asa-vermelha-poligonoso. *Horm. Behav.* 26: 420-432.

Berthold, P. 1984. Aves migratórias típicas: Animais com programação endógena. In: *Localization and orientation in biology and engineering*, Ed. V. Schmitzlar. Springer-Verlag. 352-356.

Berthold, P. e Querner, U. 1982. On the control of suspended molt in an European-trans-Saharan migrant, the orphean warbler. *J. Yamashina Inst. Ornithol.* 44: 157-165.

Bhardwaj, S.K. e Anushi. 2004. The effect of duration and time of food availability on the photoperiodic response in the male house sparrow, *Passer domesticus.* Reprod. Nutr. Dev. 44: 29-35.

Bhatt, D. e Chandola, A. 1985. Circannual rhythm in food intake in spotted munia and its phase relationship with fattening and reproductive cycle. *J. Comp. Physiol. A.* 156: 429- 432.

Bhatt, D. Lakhera, P. Chandola-Saklani, A. 1986. Effect of artificially stimulated photocycle on testicular cycle of spotted munia, *Lonchura punctulata. Ind. J. Exp. Biol.* 24: 747-749.

Binkley, S. 1990. *The clockwork sparrow. Tempo, relógio e calendários em organismos biológicos.* Englewood Clips, Nova Jersey; Prentice Hall, EUA.

Binkley, S. e Mosher, K. 1992. Activity rhythms in house sparrows exposed to natural lighting for one year. *J. Interdiscipl. Cycle Res.* 23: 17-33.

Bissonnette, T.H. 1931. Estudos sobre o ciclo sexual das aves. IV. Modificação experimental do ciclo sexual em machos do estorninho europeu *(Sturnus vulgaris)* por alterações no período diário de iluminação e por trabalho muscular. *J. Exp. Zool.* 58: 281-320.

Bissonnette, T.H. 1933. Luz e ciclo sexual em estorninhos. *Ferrets Quart. Rev. Biol.* 8: 201.

Bissonnette, T.H. 1936. Periodicidade sexual. *Quart. Rev. Biol.* 11: 371- 376.

Bissonnette, T.H. e Wadlund, A.P.R. 1932. Duration of testis activity of *Sturnus vulgaris* in relation to the type of illumination (Duração da atividade dos testículos de *Sturnus vulgaris* em relação ao tipo de iluminação). *J. Exp. Biol.* 8: 339-350.

Blache, D. e Sharp, P.J. 2003. A neuroendocrine model for prolactin as the key mediator of seasonal breeding in birds under long- and short-day photoperiods. *Can. J. Physiol. Pharmacol.* 81: 350-358.

Blanchard, B.D. 1941. The white crowned sparrows *(Zonotrichia leucophrys)* of the pacific seaboard: Ambiente e ciclo anual. *Univ. Calif. Berkeley, Publ. Zool.* 46: 1-178.

Blanchard, B.D. e Erickson, M.M. 1949. The cycle in the gambel sparrow. *Univ. Calif. Publ. Zool.*

47: 255-318.

Boswell, T. 1991. *A fisiologia da engorda migratória na codorniz europeia (Coturnix coturnix)*. Tese de doutoramento. Departamento de Zoologia, Universidade de Bristol, Reino Unido.

Boulos, Z. Macchi, M. e Terman, M. 1996. Effects of twilights on circadian entrainment patterns and reentrainment rates in squirrel monkeys. *J. Comp. Physiol. A.* 179: 687-694.

Bradshaw WE, Holzapfel C. 2007. Evolution of animal photoperiodism (Evolução do fotoperiodismo animal). Annu Rev Ecol Evol Syst. 38:1-25. doi:10.1146/annurev.ecolsys.37.091305.110115.

Brake, J. Thaxton, P. e Benton, E.H. 1979. Physiological changes in caged layers during a forced molt. 3. Plasma thyroxine, plasma triiodothyronine, adrenal cholesterol and total adrenal steroids. *Poult. Sci.* 58: 1345-1350.

Brandstatter, R. Kumar, V. Abraham, U. e Gwinner, E. 2000. A informação fotoperiódica adquirida e armazenada in vivo é retida in vitro por um oscilador circadiano, a glândula pineal das aves. *Proc. Natl. Aacd. Sci.* 97(22): 12324-12328.

Brandstatter, R. Kumar, V. Van't Hof, T.J. e Gwinner, E. 2001. Variações sazonais da produção de melatonina in vivo e in vitro numa ave passeriforme, o pardal doméstico *(Passer domesticus). J. Pineal. Res.* 31: 120-126.

Brown, F.A. e Rollo, M. 1940. Light and molt in weaver finches. *Auk* 57: 485-498.

Bullough, W.S. 1942. The reproductive cycle of the British and continental races of the starling. *Phil. Trans. Roy. Soc. Lond. Series B.* 231:165-246.

Bunning, E. 1936. Die endogene Tagesrhythmik als Grundlage der photoperiodische Reaktion. *Ber. Deut. Bot. Ges.* 54: 590-607.

Bunning, E. 1973. *The physiological clock, 3rd ed.*, University Press Ltd. University Press Ltd., Londres, Springer-Verlag, Nova Iorque, Heidelberg, Berlim.

Burger, J.W. 1947. On the relation of day length of the spermatogonic cycle of the starling. *J. Exp. Zool.* 105: 259- 267.

Burger, J.W. 1949. A review of experimental investigations on seasonal reproduction in birds. *Wilson Bull.* 61: 211-230.

Burger, J.W. 1953. O efeito de estímulos fóticos e psíquicos no ciclo reprodutivo dos estorninhos machos, *Sturnus vulgaris. J. Exp. Zool.* 124: 227-238.

Cassone VM, Bartell PA, Earnest BJ, Kumar V. 2008. Duration of melatonin regulates seasonal changes in song control nuclei of the house sparrow Passer domesticus: independence from gonads and circadian entrainment. J Biol Rhythms. 23:49-58. doi:10.1177/074873040 7311110.

Chakravorty, K. e Chandola-Saklani, A. 1985. Terminação da reprodução sazonal no tentilhão tecelão, *(Ploceus philippinus)*: Role of photoperiod. *J. Exp. Zool.* 235: 381-386.

Chandola, A., Thapliyal, J.P. e Murty, G.S.R.C. 1973. Fotoperiodismo e atividade sexual em Aves indianas. *Proc. UNESCO Int. Cong. O sol ao serviço da humanidade*. 2-6 de julho, Paris. 14: 1-10.

Chandola, A., Thapliyal, J.P. e Pavnaskar, J. 1974. The effects of thyroidal hormones on the ovarian response to photoperiod in a tropical finch *(Ploceus philippinus)*. *Gen. Comp. Endocrinol.* 24: 437-441.

Chandola, A. Pavnaskar, J. e Thapliyal, J.P. 1975. Scoto/Photoperiodic responses of a subtropical finch (spotted munia) in relation to seasonal breeding cycle. *J. Interdiscipl. Cycle Res.* 6: 189-202.

Chandola-Saklani, A., Singh, R. e Thapliyal, J.P. 1976. Evidence for a circadian oscillation in the gonadal response of the tropical weaver bird *(Ploceus philippinus)* to programmed photoperiods. *Chronobiologia.* 3: 219-227.

Chandola-Saklani, A., Bisht, M. e Bhatt, D. 1983. Estratégias de reprodução em aves dos trópicos. In: *Adaptations to terrestrial environments*, Eds. N.S. Margaris, Arianoustou-Faraggitaki e R.J. Reiter. Plenum Publishing Corporation. 145-164.

Chandola, A. Singh, S. e Bhatt, D. 1985. Photoperiod and circannual rhythms in seasonal reproduction of Indian birds. In: *Current trends in comparative endocrinology*. Eds. B. Lofts e W.N. Holmes. Hong Kong, Univ. Press, Hong Kong. 701-703.

Chandrashekaran, M.K. 1985. *Biological rhythms (Ritmos biológicos)*. Fundação de Ciência de Madras, Índia.

Chaturvedi, C.M. e Thapliyal, J.P. 1979. Tireoidectomia e desenvolvimento gonadal em myna comum *(Acridotheres tristis)*. *Gen. Comp. Endocrinol.* 39: 327-329.

Cole, L.F. 1933. The relation of light periodicity to the reproductive cycle, migration and distribution of morning dove *(Zenaidura macroura carolinensis)*. *Auk* 50: 284.

Daan, S. e Aschoff, J. 1975. Ritmos circadianos da atividade locomotora em aves e mamíferos em cativeiro: Their variation with season and latitude. *Oecologica* 18: 269-316.

Daan, S. e Pittendrigh, C.S. 1976a. Uma análise funcional dos pacemakers circadianos em roedores noturnos II. A variabilidade das curvas de resposta de fase. *J. Comp. Physiol.* 106: 253-266.

Daan, S. e Pittendrigh, C.S. 1976b. Uma análise funcional dos pacemakers circadianos em roedores noturnos III. Água pesada e luz constante: Homeostase da frequência? *J. Comp. Physiol.* 106: 267290.

Daan, S. Damassa, D. Pittendrigh, C.S. e Smith, E.R. 1975. Um efeito da castração e testesterona substituição em um marcapasso circadiano em camundongos *(Mus nusculus)*. *Proc. Natl. Acad. Sci. USA* 72: 37443747.

Damste, P.H. 1947. Experimental modification of the sexual cycle of the green-finch. *J. Exp. Biol.* 24: 20-35.

Davis, J. e Davis, B.S. 1954. Os ciclos anuais das gónadas e da tiroide do pardal inglês no sul da Califórnia. *Condor.* 56: 328-345.

Davis, G.S. Anderson, K.E. e Carroll, A.S. 2000. The effects of long-term caging and molt of single comb white leghorn hens on heterophil to lymphocyte ratios, corticosterone, and thyroid hormones. *Poult. Sci.* 79: 514-518.

Dawson, A. 1991. Photoperiodic control of testicular regression and moult in male house sparrows, *Passer domesticus*. *Ibis* 133: 312-316.

Dawson, A. 1994. The effects of daylength and testosterone on the initiation and progress of moult in starlings, *Sturnus vulgaris*. *Ibis* 136: 335-340.

Dawson, A. 1998. Photoperiodic control of the termination of breeding and the induction of moult in house sparrows, *Passer domesticus*. *Ibis* 140: 35-40.

Dawson, A. 2003. A comparison of the annual cycles in testicular size and moult in captive European starlings, *Sturnus vulgaris* during their first and second years. *J. Avian Biol.* 34: 119-123.

Dawson, A. e Goldsmith, A.R. 1982. Prolactin and gonadotrophin secretion in wild starlings (*Sturnus vulgaris*) during the annual cycle and in relation to nesting, incubation and rearing young. *Gen. Comp. Endocrinol.* 48: 213-221.

Dawson, A. Goldsmith, A.R. e Nicholls, T.J. 1986. Mudanças sazonais no tamanho dos testículos e nas concentrações plasmáticas de FSH e prolactina em estorninhos machos e castrados tireoidectomizados *(Sturnus vulgaris)*. *Gen. Comp. Endocrinol.* 63: 38-44.

Dawson, A. King, V.M. Bentely, G.E. e Ball, G.F. 2001. Photoperiodic control of seasonality in birds (Controlo fotoperiódico da sazonalidade nas aves). *J. Biol. Rhythms.* 16: 365-380.

De Coursey, P.J. 1960. Controlo de fase da atividade num roedor. *Cold Spring Harbor. Symp. Quant. Biol.* 25: 49-54.

de Graw, W.A. Kern, M.D. King, J.R. 1979. Seasonal changes in the blood composition of captive and free living White-crowned Sparrows. *J. Comp. Physiol.* 129: 151-162.

Disney, H.J. de S. e Marshall, A.J. 1956. A contribution to the breeding biology of the weaver finch *(Quelea quelea)* (Linn.) in east Africa. *Proc. Zool. Soc. London* 127: 379-387.

Disney, H.J. des. e Marshall, A.J. 1959. Duration of the regeneration period of the internal reproductive rhythm in a xerophilous equatorial bird, *Quelea quelea*. *Nature* 184: 1659-1660.

Disney, H.J. des. Lofts, B. e Marshall, A.J. 1961. Um estudo experimental do ritmo interno de reprodução do bico-vermelho, *Quelea quelea*, por meio de fotoestimulação, com uma nota sobre o melanismo induzido em cativeiro. *Proc. Zool. Soc. London*. 136: 123-129.

Deviche, P. e Small, T. 2001. Photoperiodic control of seasonal reproduction: Mecanismos neuroendócrinos e adaptação. In: *Avian endocrinology*, Eds. A. Dawson e C.M. Chaturvedi. Narosa Publishing House, Nova Deli. 113-128.

Dittami, J.P. e Gwinner, E. 1985. Ciclos anuais no Stonechat africano e a sua

relação com factores ambientais. *J. Zool. (Lond.)*. 207: 357-370.

Dittami, J.P. e Knauer, B. 1986. Organização sazonal da reprodução e da muda no picanço fiscal *(Lanius collaris)*. *J. fur Ornithol*. 127: 79-84.

Dolnik, V.R. 1975. Photoperiodecheskii Kontrol sezonnkh tsiklov beca tela, linki I polovoi aktivnosti u zyablekov *(Fringella coelebes)*. *Zool. Zh*. 54: 1048-1056.

Dolnik, V.R. e Gavrilov, M. 1975. A comparison of the seasonal and daily variations of bioenergetics, locomotor activity and major body compositions in the sedentary house sparrow (*Passer domesticus* L.) and the migratory Indian Sparrow (*Passer domesticus bactrianus*). *Ekologia Polska* 23: 211-226.

Dominic, C.J. 1960. The annual reproductive cycles of the domestic pigeon, *(Columba livia) J. Sci. Res. BHU*. 11: 272-303.

Driesche, T.V., Guisset, J.L., Garpar, T., Kevers, C. e Konkkari, W. 1989. Mascaramento em plantas. *Chronobiol. Int*. 6: 13-19.

Elliott, J.A., Stetson, M.H. e Menaker, M. 1972. Regulação da função dos testículos em hamsters dourados: Um relógio circadiano mede o tempo fotoperiódico. *Science* 178: 771-773.

Enright, 1966. J.P. Influences of seasonal factors on the activity onset of the house finch. *Ecologia* 47: 662-666.

Epple, A. Orians, G. Farner, D.S. e Lewis, R.A. 1972. The photoperiodic testicular response of a tropical finch, *Zonotrichia capensis costaricensis*. *Condor* 74: 1-4.

Erkinaro, E. 1961. As mudanças sazonais de atividade de *Microtus agrestis*. *Ata. Oecol. Scand.* 12: 157163.

Erkinaro, E. 1970. Wirkung von Tageslange und Dammerung auf die phasenlage der 24h periodic der waldmaus *Apodemus flavicollis* Melch. *Naturtag. Oikas. Suppl.* 13: 101-107.

Farner, D.S. 1958. Photoperiodism in animals with special reference to avian testicular cycles. In: *Photobiology*, Proc. 19th Annual Biology Colloquim, Oregon State College, Corvallis. 19-29.

Farner, D.S. 1959. Photoperiodic and related control of annual gonadal cycles in birds. In: *Photoperiodism and related phenomena in plants and animals*, Eds. R.B. Withrow, Am. Assoc. Advance Sci., Washington D.C. 716-750.

Farner, D.S. 1961. The testicular response of white crowned sparrows to stimulatory photoperiods in ahemeral cycles. In: *Progress in photobiology*, Eds. B. Christensen e B. Buchmann. Elsevier Publishing Co. Amsterdam. 438.

Farner, D.S. 1962. Neurosecreção hipotalâmica e atividade da fosfatase em relação ao controlo fotoperiódico do ciclo testicular de *Zonotrichia leucophrys gambelii*. *Gen. Comp. Endocrinol.* 1: 160-167.

Farner, D.S. 1964. The photoperiodic control of reproductive cycles in birds. *Amer. Sci.* 52: 137-156.

Farner, D.S. 1965. Sistemas circadianos nas respostas fotoperiódicas dos vertebrados. In: *Circadian clocks*, Ed. J. Aschoff. North-Holland, Amesterdão. 357-369.

Farner, D.S. 1970. Daylengths as environmental information in the control of reproduction of birds. *Colloq. Internat. Centre Nat. Rech. Sci. Paris* 172: 71-91.

Farner, D.S. 1975. Photoperiodic controls in the secretion of gonadotropins in birds. *Amer. Zool.* 15: 117-135.

Farner, D.S. 1976. Controlos fotoperiódicos e ciclos reprodutivos em *Zonotrichia*. In: *Proc. XVI Int. Ornithol. Congr. Academia Australiana de Ciências, Camberra*. 369-382.

Farner, D.S. 1977. Medição da duração do dia por aves fotoperiódicas. *Proc. Ist Int. Symp. Avian Endocrinology, Calcutá*, janeiro de 1977.

Farner, D.S. e Mewaldt, L.R. 1955. O aumento da atividade ou da vigília é um elemento essencial no mecanismo da resposta fotoperiódica das gónadas das aves? *Northwest Sci.* 29: 53-65.

Farner, D.S. e Wilson, A.C. 1957. A quantitative examination of testicular growth in the white-crowned sparrow. *Biol. Bull.* 113: 254-267.

Farner, D.S. e Follett, B.K. 1966. Luz e outros factores ambientais que afectam a reprodução das aves. *J. Anim. Sci.* 25: 90-118.

Farner, D.S. e Lewis, R.A. 1971. Photoperiodism and reproductive cycles in birds. In:

Photophysiology, Vol. 6. Ed. A.C. Giese. Academic Press, Nova Iorque e Londres. 325-370.

Farner, D.S. e Wingfield, J.C. 1978. Environmental endocrinology and the control of annual reproductive cycles in passerine birds. In: *Environmental endocrinology*, Eds. I. Assenmacher e D. S. Farner. Springer-Verlag, Berlim, Heidelberg. 44-51.

Farner, D.S. e Follett, B.K. 1979. Periodicidade reprodutiva em aves. In: *Hormones and Evolution*, Ed. E.J.W. Barrington. Academic Press, Londres. 829-872.

Farner, D.S. e Wingfield, J.C. 1980. Reproductive endocrinology of birds. *Ann. Rev. Physiol.* 42: 455-470.

Farner, D.S. Donham, R.S. Lewis, R.A. Mattocks, P.W. Darden, T.R. e Smith, J.P. 1977. The circadian component in the photoperiodic mechanism of the house sparrow, *Passer domesticus*. *Physiol. Zool.* 50: 247-268.

Farner, D.S. Donham, R.S. e Moore, M.C. 1981. Induction of testicular development in house sparrows, *Passer domesticus*, and white-crowned sparrows, *Zonotrichia leucophrys gambelii*, with very long days and continuous light. *Physiol. Zool.* 38: 255-266.

Farner, D.S. Donham, R.S. Matt, K.S. Mattocks, P.W. Moore, M.C. e Wingfield, J.C. 1983.

A natureza da fotorrefractoriedade. In: *Avian Endocrinology, Environmental and Ecological Perspective*, Eds. S. Mikami, K. Homma e M. Wada. Japan Sci. Soc. Press, Tóquio, SpringerVerlag. 149-166.

Foa, A. MonteForti, G. Minutini, L. Innocenti, A. Quaglieri, C. e Flamini, M. 1994. Seasonal changes of locomotor activity patterns in lizards *Podarcis sicula*. *Behav. Ecol. Sociobiol.* 34: 267-274.

Follett, B.K. 1973a. A regulação neuro-endócrina da secreção de gonadotrofinas na reprodução aviária. In: *Breeding biology of birds*, Ed. D.S. Farner. Academia Nacional de Ciências, Washington D.C. 209243.

Follett, B.K. 1973b. Circadian rhythms and photoperiodic time measurement in birds (Ritmos circadianos e medição do tempo fotoperiódico em aves). *J. Reprod. Fert. Suppl.* 19: 5-18.

Follett, BK. 1984. Aves. In: *Marshall's physiology of reproduction*, Ed. G.E. Lamming. Churchill , Livingstone, Edinburgh. 283-350.

Follett, B.K. e Sharp, P.J. 1969. Circadian rhythmicity in photoperiodically induced gonadotropin release and gonadal growth in the Quail. *Nature* 223: 968-971.

Follett, B.K. e Davies, D.T. 1975. Photoperiodicity and the neuroendocrine control of reproduction in birds. *Symp. Zool. Soc. Lond.* 35: 199-224.

Follett, B.K. e Maung, S.L. 1978. Rate of testicular maturation, in relation to gonadotrophin and testosterone levels, in quail exposed to various artificial photoperiods and to natural daylengths. *J. Endocr.* 78: 267-280.

Follett, B.K. e Pearce-Kelly, A. 1990. Controlo fotoperiódico da cessação da reprodução em codornizes japonesas *(Coturnix coturnix japonica)*. *Proc. R. Soc. Lond. B* 242: 225-230.

Follett, B.K. Hinde, R.A. Steel, E. e Nicholls, T.J. 1973. The influence of photoperiod on nest building, ovarian development and luteinizing hormone secretion in canaries *(Serinus canarius)*. *J. Endocrinol.* 59: 151-162.

Follett, B.K. Mattocks, P.W. Jr. e Farner, D.S. 1974. Circadian function in the photoperiodic induction of gonadotropin secretion in the white-crowned sparrow, *Zonotrichia leucophrys gambelii*. *Proc. Natl. Acad. Sci. USA* 71: 1666-1669.

Follett, B.K. Kumar, V. e Juss, T.S. 1992. Circadian nature of photoperiodic clock in Japanese quail. *J. Comp. Physiol.* 171: 533-540.

Gaston, S. e Menaker, M. 1968. Pineal function: A biological clock in sparrows? *Science* 160: 11251127.

Grocock, C. e Clarke, J. 1974. Photoperiodic control of testis activity in the vole, *Microtus agrestis*. *J. Reprod. Fert.* 39: 337-347.

Groscolas, R. Jallageas, M. Goldsmith, A.R. e Assenmacher, I. 1986. O controlo endócrino

de reprodução e muda em machos e fêmeas de pinguins imperador *(Aptenodytes forsteri)* e adélia *(Pygoscelis adeliae)*. I. Alterações anuais nos níveis plasmáticos de esteróides gonadais. *Gen. Comp. Endocrinol.* 62: 43-53.

Gupta NJ, Kumar V. 2013. Os testículos desempenham um papel na terminação, mas não no início da migração da primavera no bunting de cabeça preta migratório noturno. Anim Biol. 63:321-329. doi:10.1163/ 15707563000024l5.

Gwinner, E. 1975. Effect of season and external testosterone on the free-running circadian activity rhythm of European starlings *(Sturnus vulgaris)*. *J. Comp. Physiol.* 103: 315-328.

Gwinner, E. 1981. Ritmos anuais: Perspetiva. In: *Handbook of behavioural neurobiology*, Ed. J. Aschoff. 8: 381-405.

Gwinner, E. 1986. *Circannual rhythms: Endogenous annual clocks in the organization of seasonal processes*. Zoophysiology series 18. Springer-Verlag, Berlim.

Gwinner, E. 1987. Ritmos anuais do tamanho das gónadas, disposição migratória e muda nas toutinegras do jardim , *Sylvia borin*, expostas no inverno a um fotoperíodo equatorial ou do hemisfério sul. *Ornis. Scand.* 18: 251-256.

Gwinner, E. e Turek, F. 1971. Effects of season on circadian activity rhythms of the starlings. *Naturwissenschaften* 12: 627-628.

Gwinner, E. e Eriksson, L. 1977. Circadiane rhythmik und photoperiodische Zeitmessung beim Star *(Sturnus vulgaris)*. J. *Fur. Ornithol.* 178: 60-67.

Gwinner, E. e Dittami, J.P. 1984. Photoperiodic responses in temperate zone and equatorial stonechats: Uma contribuição para o problema do fotoperiodismo em organismos tropicais. In: *The endocrine system and the environment*, Eds. S. Ishii, B.K. Follett e A. Chandola. Springer-Verlag, Berlim. 279294.

Gwinner, E. e Scheuerlein, A. 1998. Seasonal changes in day-light intensity as a potential zeitgebers of circannual rhythms in equatorial stonechats. *J. Ornithol.* 139: 407-412.

Gwinner, E. e Hau, M. 2000. Glândula Pineal, ritmos circadianos e fotoperiodismo. In: *Sturkie's Avian Physiology*, Ed. Whittow, C. G. 557-658 .

Gwinner, H. Gwinner, E. e Dittami, J.P. 1987. Effect of nest boxes on LH, testosterone, Testicular size and the reproductive behaviour of male European starlings in spring. *Behaviour* 103: 68-82.

Gwinner, E. Dittami, J.P. e Beldhuis, J.A. 1988. O desenvolvimento sazonal da reatividade fotoperiódica numa migrante equatorial, a toutinegra-dos-jardins *(Sylvia borin). J. Comp. Physiol.*

A 162: 389-396.

Hahn, T.P. 1995. Integração de pistas fotoperiódicas e alimentares para mudanças temporais numa fisiologia reprodutiva por um criador oportunista, o Red-crossbill, (Loxia curvirostra) (Aves: Carduelinae). J. Exp. Zool. 272: 213-226.

Halberg, F. 1969. Chronobiology. *Ann. Rev. Physiol.* 31: 675-725.

Hall, M.R. Gwinner, E. e Bloesch, M. 1987. Ciclos anuais na muda, massa corporal, hormona luteinizante, prolactina e esteróides gonadais durante o desenvolvimento da maturidade sexual na cegonha branca *(Ciconia ciconia). J. Zool. Lond.* 211: 467- 486.

Hamner, W.M. 1963. Diurnal rhythm and photoperiodism in testicular recrudescence of the house finch. *Ciência* 142: 1294-1295.

Hamner, W.M. 1964. Circadian control of photoperiodism in the house finch demonstrated by interrupted-night experiments. *Nature* 203: 1400-1401.

Hamner, W.M. 1968. The photorefractory period of the house finch. *Ecologia* 49: 211-227.

Hamner, W.M. e Enright, J.T. 1967. Relationships between photoperiodism and circadian rhythms of activity in the house finch. *J. Exp. Biol.* 46: 43-61.

Harris, P.C. e Shaffner, C.S. 1957. Effect of seasonal thyroid activity on molt response to progesterone in chickens. *Poult. Sci.* 36: 1186-1193.

Hau, M. 2001. Calendário de reprodução em ambientes variáveis: Aves tropicais como sistemas modelo. *Horm. Behav.* 40: 281-290.

Hau, M. e Gwinner, E. 1996. Food as a circadian zeitgeber for house sparrows: the effect of different food access durations. *J. Biol. Rhythms.* 11: 199-210.

Hau, M. Wikelski, M. & Wingfield, J.C. 1998. Um pássaro neotropical pode medir mudanças no fotoperíodo tropical. *Proc. R. Soc. Lond. B.* 265: 89-95.

Helm B, Schwabl I, Gwinner E. 2009. Circannual basis of geographically distinct bird schedules. J Exp Biol. 212:1259-1269. doi:10.1242/jeb.025411.

Hinde, R.A. e Steel, E. 1978. The influence of daylength and male vocalization on the estrogen dependent behaviour of female canaries and budgerigars with discussion of data from other species. In: *Advances in the study of behaviour*, Eds. J.S. Rosenblatt, R.A. Hinde e M.C. Busnel. *Academic Press, Nova Iorque.* 39-73.

Hoffman, K. 1968. Synchronization der circadianer aktutaetsperio von Eidechsen durch temperatur cyclen verschied ner. *Amplitude. Z. Val. Physiol.* 58: 225-228.

Hoffman, K. 1981. Função fotoperiódica do órgão pineal dos mamíferos. In: *O órgão pineal: Photobiology-Biochronometery-Endocrinobiology*, Eds. A. Oksche e P. Pevet. Elsvier/North Holland Biomedical Press. 123-138.

Hoos, D. 1937. De vinkenbaan. Hoe het er toeging en wat er mee in verband stond. *Ardea* 26:

173-202.

Immelmann K. 1971. Aspectos ecológicos da reprodução periódica. In: *Biologia das aves.* Vol. 1. Eds. D.S. Farner e J.R. King. Academic Press, Nova Iorque, Londres. 341- 389.

Jain, N. 1993. *Estratégias de programação endógena no bunker migratório de cabeça preta, Emberiza melanocephala* Scopoli. Tese de doutoramento. Universidade de Meerut.

Jain, N. e Kumar, V. 1995. Changes in food intake, body weight, gonads and plasma concentrations of thyroxine, luteinizing hormone and testosterone in captive buntings exposed to natural daylengths at 29°N. *J. Biosci.* 20: 417-426.

Jelassi R, Nasri-Ammar K. 2012. Variação sazonal do ritmo de atividade locomotora de Orchestia montagui na zona supralitoral da lagoa de Bizerte (Norte da Tunísia). Biol Rhythm Res. 44: 1 -12. doi:10.1080.09291016.2012.739929.

Jenner, C.E. e Engels, W.L. 1952. The significance of the dark period in the photoperiodic response of male juncos and white-throated sparrows. *Biol. Bull.* 103: 345-355.

Juhn, M. e Harris, P.C. 1956. Respostas na muda e postura de aves a progestinas e gonadotrofinas. *Proc. Soc. Exptl. Biol. Med.* 92: 709-711.

Kavaliers M. 1978. Seasonal changes in the circadian period of the lake chub, Coestius plumbeus. Can J Zool. 56:2591-2596. doi:10.1139/z78-347.

Kavaliers M. 1980. Circadian locomotor activity rhythms of the burbot, Lota lota: seasonal differences in period length and the effect of pinealectomy. J Comp Physiol. 136:215-218.

King, J.R. Mewaldt, L.R. e Farner, D.S. 1960. The duration of post nuptial metabolic refractoriness in the white-crowned sparrow. *Auk* 77: 89-92.

King, V.M. Bentley, G.E. e Follett, B.K. 1997. A direct comparison of photoperiodic time measurement and the circadian system in European starlings and Japanese quails. *J. Biol. Rhythms* 12: 431-442.

Kuenzel, W.J. e Helms, C.W. 1974. An annual cycle study of tan-striped and white-striped white-throated sparrows. *Auk* 91: 44-53.

Kumar, V. 1986. The photoperiodic entrainment and induction of reproductive rhythms in the blackheaded bunting *(Emberiza melanocephala). Chronobiol. Int.* 3: 165-170.

Kumar, V. 1988. Investigações sobre a engorda induzida por fotoperiodismo na cabeça negra migratória *(Emberiza melanocephala)* (Aves). *J. Zool. Lond.* 216: 253-263.

Kumar, V. 1997. Photoperiodism in higher vertebrates: Uma estratégia adaptativa num ambiente temporal. *Indian J. Exp. Biol.* 35: 427-437.

Kumar, V. 2001. Melatonin and circadian rhythmicity in birds. In: *Avian Endocrinology*, Eds. A. Dawson e C.M. Chaturvedi. Narosa Publishing house New Delhi, Chennai, Mumbai, Kolkata. 93112.

Kumar, V. 2002. *Biological Rhythms* (Ed.) Narosa Publishing house. Nova Deli, Chennai, Mumbai, Calcutá.

Kumar, V. e Tewary, P.D. 1982a. Pássaros de cabeça preta em Varanasi: Ciclos gonadais anuais e peso corporal. *Pavo.* 20: 10-21.

Kumar, V. e Tewary, P.D. 1982b. Biochronometery of photoperiodically induced fat deposition in a migratory finch, the blackheaded bunting (*Emberiza melanocephala*) (Aves). *J. Zool. (Lond).* Vol. 200: 421.430.

Kumar, V. e Tewary, P.D. 1982c. Photoperiodic regulation of gonadal recrudescence in common Indian rosefinch: Dependência do ritmo circadiano. *J. Exp. Zool.* 223: 37-40.

Kumar, V. e Tewary, P.D. 1982d. Circadian function in the photoperiodic induction of testicular growth in common Indian rosefinch, *Carpodacus erythrinus. Anim. Reprod. Sci.* 5: 223-228.

Kumar, V. e Tewary, P.D. 1983. Response to experimental photoperiods by a migratory bunting, Emberiza melanocephala. *Ibis* 125: 305-312.

Kumar, V. e Tewary, P.D. 1984. Circadian rhythmicity and the termination of refractory period in the blackheaded bunting *(Emberiza melanocephala). Condor* 86: 27-29.

Kumar, V. e Tewary, P.D. 1985. The seasonal gonadal and body weight cycles of migratory rosefinch (*Carpodacus erythrinus*) at Varanasi in relation to environmental factors. *Indian J. Zool.* 13: 2531.

Kumar, V. e Kumar, B.S. 1991. The development of photorefractoriness in termination of the breeding season in the tropical brahminy myna: Role of photoperiod. *Reprod. Nutr. Dev.* 31: 27-36.

Kumar, B.S. e Kumar, V. 1993. Controlo fotoperiódico do ciclo reprodutivo anual em brahminy myna *(Sturnus pagodarum)* subtropical. *Gen. Comp. Endocrinol.* 89: 149-160.

Kumar, V. e Follett, B.K. 1993. A natureza do relógio fotoperiódico em vertebrados. *Proc. Zool. Soc. Calcutta, J.B.S. Haldane Comm. Vol.* 217-227.

Kumar, V e Kumar, B.S. 1995. O arrastamento do sistema circadiano sob fotociclos variáveis (fotociclos T) altera a duração crítica do dia para a indução fotoperiódica em buntings de cabeça preta. *J. Exp. Zool.* 273: 297-302.

Kumar, V. e Rani, S. 1996. Effects of wavelength and intensity of light in initiation of body fattening and gonadal growth in a migratory bunting under complete and skeleton photoperiods. *Physiol. Behav.* 60: 625-631.

Kumar, V. Tewary, P.D. e Dixit, A.S. 1985. Participação do componente circadiano no

Mecanismo fotoperiódico da cabeça negra *(Emberiza melanocephala). Anim. Reprod. Sci.* 9: 375-382.

Kumar, V. Kumar, B.S. e Singh, B.P. 1992. Fotoestimulação do bunker de cabeça preta: A interpretação subjectiva do dia e da noite depende tanto do contraste da fotofase como da intensidade da luz. *Physiol. Behav.* 5: 1213-1217.

Kumar, V. Jain, N. e Follett, B.K. 1996. The photoperiodic clock in blackheaded buntings *(Emberiza melanocephala)* is mediated by self-sustained circadian system. *J. Comp. Physiol. A* 179: 59-64.

Kumar, V. Singh, S. Misra, M. e Malik, S. 2001. Effects of duration and time of food availability on photoperiodic responses in the migratory male blackheaded bunting *(Emberiza melanocephala). J. Exp. Biol.* 204: 2843-2848.

Kumar, V. Singh, S. Misra, M. Malik, S. e Rani, S. 2002. Role of melatonin in photoperiodic time measurement in the migratory red headed bunting (*Emberiza bruniceps*) and the non migratory Indian weaver bird *(Ploceus philippinus). J. Exp. Zool.* 292: 277-286.

Kumar, V. Singh, B.P. e Rani, S. 2004. O relógio das aves: Um sistema complexo, multi-oscilatório e altamente diversificado. *Biol. Rhythms Res.* 35: 121-141.

Kumar V, Wingfield JC, Dawson A, Ramenofsky M, Rani S, Bartell P. 2010. Biological clocks and regulation of seasonal reproduction and migration in birds (Relógios biológicos e regulação da reprodução sazonal e migração nas aves). Physiol. Biochem. Zool. 83:827-835. doi:10.1086/652243.

Lack, D. 1950. The breeding seasons of European birds. *Ibis* 92: 288-316.

Lack, D. 1968. Bird migration and natural selection. *Oikos* 19: 1-9.

Lal, P. e Pathak, V.K. 1987. Effect of Thyroidectomy and L-thyroxine on testis, body weight and bill colour of the tree sparrows, *Passer montanus. Indian J. Exp. Biol.* 25: 660-663.

Lewis, R.A. 1975. Biologia reprodutiva do pardal de coroa branca *(Zonotrichia leucophrys pugetensis).* II. Controlo ambiental dos ciclos reprodutivos e associados. *Condor* 77: 111-124.

Lewis, R.A. e Orcutt, F.S. Jr. 1971. Social behaviour and avian sexual cycles. *Scientia* 106: 447-472.

Lewis, R.A., King, J.R. e Farner. D.S. 1974. Respostas fotoperiódicas de uma população subtropical do tentilhão *(Zonotrichia capensis hypoleuca). Condor* 76: 233-237.

Lindstrom, A., Visser, G.H. e Daan, S. 1993. O custo energético da síntese de penas é proporcional à taxa metabólica basal. *Physiol. Zool.* 66: 490-510.

Lofts, B. 1962. O fotoperíodo e o período refratário da reprodução na ave equatorial

(Quelea quelea). Ibis 104: 407-414.

Lofts, B. 1975. Controlo ambiental da reprodução. *Symp. Zool. Soc. London* 35: 177-197.

Lofts, B. e Murton, R.K. 1968. Adaptações fotoperiódicas e fisiológicas que regulam os ciclos de reprodução das aves e o seu significado ecológico. *J. Zool.* 155: 327-394.

Lofts, B. e Lam, W.L. 1973. Regulação circadiana da secreção de gonadotrofinas. *J. Reprod. Fert. Suppl.* 19: 19-34.

Lofts, B. e Murton, R.K. 1973. Reprodução nas aves. In: *Avian biology*. Vol. III, Eds. D.S. Farner e J.R. King. Academic Press, Nova Iorque. 1-107.

Lofts, B. Follett, B.K. e Murton, R.K. 1970. Alterações temporais no eixo pituitário-gonadal. *Mem. Soc. Endocrinol.* 18: 545-575.

Lucas, A.M. e Stettenheim, P.R. 1972. *Avian anatomy integument,* Part I. Pages U.S. Government Printing Office, Washington, DC.

Macchi, M. Boulos, Z. e Terman, M. 1996. As transições crepusculares promovem o arrastamento para o alongamento dos ciclos LD. *Soc. Res. Biol. Rhythms* Abst. 5: 106.

Maitra, S.K. 1986. Ciclo testicular anual do periquito-de-cabeça-florida, *Psittacula cyanocephala* (Aves, Psittacidae), em condições ambientais naturais. *J. Interdiscipl. Cycle Res.* 17: 213-223.

Maitra, S.K. 1987. Influência da duração do fotoperíodo na atividade testicular do periquito-de-cabeça-florida *(Psittacula cyanocephala). J. Yamashina Inst. Ornithol.* 19: 28-44.

Maitra, S.K. e Dey, M. 1992. Reatividade testicular à melatonina exógena durante diferentes fases do ciclo testicular anual no periquito-rosado *(Psittacula krameri). Eur. Arch. Biol.* 103 : 157-164.

Malik, S., Rani, S. e Kumar, V. 2002. The influence of light wavelength on phase-dependent resposiveness of the photoperiodic clock in migratory blackheaded bunting. *Biol. Rhythms Res.* 33: 6573.

Malik, S., Rani, S. e Kumar, V. 2004. Wavelength dependency of light-induced effects on photoperiodic clock in the migratory blackheaded bunting *(Emberiza melanocephala). Chronobiol. Int.* 21: 367-384.

Marimuthu, G., Rajan, S. e Chandrashekaran, M.K. 1981. Social entrainment of the circadian rhythm in the flight activity of microchiropteran bat *Hipposideros speoris. Behav. Ecol. Sociobiol.* 8: 147-150.

Marshall, A.J. 1961. Reprodução. In: *Biology and comparative physiology of birds.* Vol. 2, Ed.

A.J. Marshall. Academic Press, Nova Iorque e Londres. 169.

Marshall, A.J. e des Disney, H.J. 1956. Fotoestimulação de uma ave equatorial (*Quelea quelea*) Linnaeus. *Natureza* 177: 143-144.

McDonald, P.A. e Liley, N.R. 1978. The effects of photoperiod on androgen-induced reproductive behaviour in male ring doves, *Streptopelia risoria. Horm. Behav.* 10: 85-96.

Meier, A.H. 1976. Chronoendocrinology of the white-throated sparrow. *Proc. XVI Int. Ornothol.*

Congr. Academia Australiana de Ciências, Camberra. 355-368.

Meister, W. 1951. Change in histological structure of the long bones of birds during the molt. *Anat. Rec.* 111: 1-21.

Menaker, M. 1965. Ritmos circadianos e fotoperiodismo em *Passer domesticus*. In: *Circadian clocks*, Ed. J. Aschoff. North-Holland, Amesterdão. 385-395.

Menaker, M. 1968. Perceção da luz extrarretiniana no pardal. I. Arrastamento do relógio biológico. *Proc. Natl. Acad. Sci. USA* 59: 414-421.

Menaker, M. e Eskin, A. 1966. Entrainment of circadian rhythms by sound in *Passer domesticus*.

Science. 154: 1579-1581.

Menaker, M. e Eskin, A. 1967. Relógio circadiano na medição do tempo fotoperiódico: Um teste da hipótese de Bunning. *Science 157:* 1182-1185.

Middleton, J. 1965. Testicular responses of house sparrows and white-crowned sparrows to short daily photoperiods with low intensities of light. *Physiol. Zool.* 38: 255-266.

Miller, A.H. 1949. Potencialidade de recrudescência testicular durante o período refratário anual do pardal de coroa dourada. *Ciência* 109: 546.

Misra, A.B. 1948. Sexual periodicity in birds with special reference to India. *Discurso presidencial seccional, Congresso Científico Indiano*, Patna.

Misra, A.B. 1960. Os ciclos reprodutivos anuais de algumas aves indianas. *J. Sci. Res.* BHU Vol. 11: 342385.

Misra, M., Rani, S. Singh, S. e Kumar, V. 2004. Regulação da sazonalidade no macho migratório de cabeça preta *(Emberiza melanocephala)*. *Reprod. Nutr. Dev.* 44: 1-12.

Moore-Ede, Sulzman, F.M. e Fuller, C.A. 1982. *The clock that times us: Physiology of the circadian timing system.* Harvard University Press, Cambridge.

Moore, I.T. Wingfield, J.C. e Brenowitz, E.A. 2004. Plasticidade do sistema de controlo do canto das aves em resposta a sinais ambientais localizados numa ave canora equatorial. *J Neurosci.* 10;24(45):10182-5.

Morton, M.L., Pereyra, M.E. e Batista, L.F. 1985. Ovário induzido fotoperiodicamente

no pardal de coroa branca (*Zonotrichia leucophrys gambelii*) e o seu aumento pelo canto. *Biochem. Physiol. A.* 80: 93-97.

Mrosovsky, M., Salmon, P.A., e Ralph, M.R. 1989. Mudança de fase não fótica em mutantes de relógio de hamster. *J. Biol. Rhythms* 7(1): 41-49.

Murphy, M.E. 1996. Energética e nutrição da muda. In: *Avian energetics and nutirtional ecology*, Ed. C. Carey. Chapman and Hall, Nova Iorque.

Murton, R.K. e Westwood, N.J. 1974. An investigation of photorefractoriness in the house sparrow by artificial photoperiods. *Ibis* 116: 298-313.

Murton, R.K. e Westwood, N.J. 1977. *Avian breeding cycles.* Clarendon Press, Oxford.

Murton, R.K. Lofts, B. e Orr, A.H. 1970. The significance of circadian based photosensitivity in the House Sparrow, Passer domesticus. *Ibis* 112: 448-456.

Murton, R.K. Lofts, B. e Westwood, N.J. 1970a. The circadian basis of photoperiodically controlled spermatogenesis in the greenfinch, *Chloris chloris. J. Zool.* 161: 125-126.

Murton, R.K. Lofts, B. e Westwood, N.J. 1970b. Manipulação da fotorrefractoriedade no pardal doméstico *(Passer domesticus)* por regimes de luz circadianos. *Gen. Comp. Endocrinol.* 14: 107-113.

Naik, R.M. e Razack, A. 1967. Estudos sobre o andorinhão doméstico, *Apus affinis*. In: *Seasonal changes in daily activity rhythms,* Ed. G.E. Gray. 57-74.

Nanda, K.R. e Hamner, K.C. 1958. Estudos sobre a natureza do ritmo endógeno que afecta as respostas fotoperiódicas da soja Biloxi. *Bot. Gaz.* 120: 14-25.

Nardi M, Morgan E, Scapini F. 2003. Variação sazonal do período de corrida livre em duas populações de *Talitrus saltator* de praias italianas que diferem em termos de morfodinâmica e perturbações humanas. Estuar Coast Shelf Sci. 58:199-206. doi:10.1016/so272-7714(03)00034-9.

Nicholls, T.J. Scanes, C.G. e Follett, B.K. 1973. Plasma and pituitary luteinizing hormone in Japanese quail during photoperiodically induced gonadal growth and regression. *Gen. Comp. Endocrinol.* 21: 84-98.

Nicholls, T.J. Goldsmith, A.R. e Dawson, A. 1988. Photorefractoriness in birds and comparison with mammals. *Physiol. Rev.* 68: 133-176.

Nottebohm, M.F. Nottebohm, M.E. Crane, L.A. e Wingfield, J.C. 1987. Mudanças sazonais nos níveis de hormonas gonadais de canários machos adultos e a sua relação com o canto. *Behav. Neur. Biol.* 47: 197-211.

Oakeson, B.B. 1954. The gambel's sparrow at mountain village, Alaska. *Auk* 71: 351- 365.

Oakeson, B.B. e Lilley, B.R. 1960. Ciclo anual da histologia da tiroide em duas raças de galinhas brancas.

pardal coroado. *Anat. Rec.* 136: 41-57.

Oksche, A. Farner, D.S. Serventy, D.L. Wolff, F. e Nicholls, C.A. 1963. The hypothalamo-hypophyseal neurosecretory system of zebra finch *(Taeniopygia costanotis)*. *Z. Zellforsch. Mikrosk. Anat.* 58: 846-914.

Pandha, S.K. e Thapliyal, J.P. 1969. Light and the gonadal cycle of the blackheaded munia, *Munia malacca malacca. Endocrinol. Japonica.* 16:157-161.

Perek, M. e Sulman, F. 1945. The basal metabolic rate in molting and laying hens. *Endocrniology* 36: 240-243.

Pittendrigh, C.S. 1972. Superfícies circadianas e a diversidade de possíveis papéis da organização circadiana na indução fotoperiódica. *Proc. Nat. Acad. Sci. USA* 69: 2734-2737.

Pittendrigh, C.S. 1981. Organização circadiana e fenómenos fotoperiódicos. In: *Biological clocks in seasonal reproductive cycle*, Eds. B.K. Follett, D.E. Follett e J. Wright. Bristol. 1-35.

Pittendrigh, C.S. e Minis, D.H. 1964. The entrainment of circadian oscillations by light and their role as photoperiodic clocks. *Am. Nature.* 98: 261-294.

Pittendrigh, C.S. e Daan, S. 1976a. Uma análise funcional dos pacemakers circadianos em roedores noturnos. I. A estabilidade e a capacidade da frequência espontânea. *J. Comp. Physiol.* 106: 223-252.

Pittendrigh, C.S. e Daan, S. 1976b. Uma análise funcional dos pacemakers circadianos em roedores noturnos. IV. Entrainment: Pacemaker como relógio. *J. Comp. Physiol.* 106: 291-331.

Pittendrigh, C.S. e Daan, S. 1976c. Uma análise funcional dos pacemakers circadianos em roedores noturnos. V. Um relógio para todas as estações. *J. Comp. Physiol.* 106: 333-355.

Pohl, H. 1972. Mudança sazonal na sensibilidade à luz em *Carduelis flammea. Naturwissenschaften* 59: 518.

Pohl, H. 1977. Ritmos circadianos do metabotum em tentilhões carduelinos em função da intensidade da luz e da estação do ano. *Comp. Biochem. Physiol.* 56: 145-153.

Prasad, B. 1959. Uma discussão sobre os factores envolvidos na recorrência anual do ciclo nas aves. *J. Sci. Res. BHU* 10: 108- 123.

Prasad, B. 1965. Ciclo sexual de duas espécies de corvídeos. Secção I *Corvus macrorynchus macrorynchus* (Wagler), Secção II. *Corvus splendens splendens* (Viellill). *J. Sci. Res. BHU* 16: 245274.

Prasad, B.N. 1980. *Controlo fotoperiódico da reprodução em algumas aves indianas.* Tese de doutoramento. Banaras Hindu University, Varanasi, Índia.

Rani, S. 1999. *Relações luminosas do relógio fotoperiódico na cigarrinha migratória (Emberiza sp.).* Tese de doutoramento. Universidade de Lucknow, Lucknow, Índia.

Rani, S. e Kumar, V. 1999. Time course of sensitivity of the photoinducible phase to light in the redheaded bunting. *Biol. Rhythm Res.* 30: 555-562.

Rani, S. e Kumar, V. 2000. Phasic response of photoperiodic clock to wavelength and intensity of light in the redheaded bunting, *(Emberiza bruniceps). Physiol. Behav.* 69: 277-283.

Rani, S. Singh, S. Misra, M. e Kumar, V. 2001. The influence of light wavelength on reproductive photorefractoriness in migratory blackheaded bunting *(Emberiza melanocephala). Reprod. Nutr. Dev.* 41: 277-284.

Rani, S, Singh, S. e Kumar, V. 2002. Light sensitivity of the biological clock (Sensibilidade à luz do relógio biológico). In: *Biological rhythms,* Ed. V. Kumar. Narosa Publishing House, Nova Deli, Springer-Verlag, Alemanha. 232-243.

Riley, G. 1936. Regulação luminosa da atividade sexual no pardal macho *(Passer domesticus). Proc. Soc. Exp. Biol. Med.* 34: 331-332.

Robinson, J. E. e Follett, B.K. 1982. Photoperiodism in Japanese quail: O fim da reprodução sazonal por fotorefracção. *Proc. R. Soc. Lond. B* 215: 95-116.

Roenneberg, T. e Foster, R.G. 1997. Os tempos do crepúsculo: A luz e o sistema circadiano. *Photochem. Photobiol.* 66: 549-561.

Rollo, M. e Domm, L.V. 1943. Light requirements of weaver finch. I. Período e intensidade da luz. *Auk* 60: 357-367.

Rowan, W. 1925. Relação entre a luz e a migração das aves e alterações no desenvolvimento. *Nature* 115: 494-495.

Rowan, W. 1926. On photoperiodism, reproductive periodicity and the annual migrations of birds and certain fishes. *Proc. Boston Soc. Nature Hist.* 38: 147-189.

Rowan, W. 1928. Reproductive rhythms in birds. *Nature* 122: 11-12.

Rowan, W. 1929. Experiments in bird migration. III. Manipulação do ciclo reprodutivo: Alterações histológicas sazonais nas gónadas. *Proc. Boston Soc. Nature Hist.* 39: 151-208.

Rowan, W. 1932. Experiências sobre a migração das aves III. Os efeitos da luz artificial, da castração e de certos extractos nos movimentos outonais do corvo americano *(Corvus brachyrhynchos). Proc. Nat. Acad. Sci. USA* 18: 639-654.

Rowan, W. 1938. Luz e reprodução sazonal em animais. *Biol. Rev.* 13: 374-401.

Rutledge, J.T. e Schwab, R.G. 1974. Metamorfose testicular e prolongamento da espermatogénese em estorninhos *(Sturnus vulgaris)* na ausência de fotoestimulação diária. *J. Exp. Zool.* 187: 71-76.

Sachs, B.D. 1967. Photoperiodic control of the cloacal gland of the Japanese quail (Controlo fotoperiódico da glândula cloacal da codorniz japonesa). *Ciência*

157: 201-203.

Saldanha, C.J. Deviche, P.J. e Silver, R. 1994. Aumento da expressão de VIP e diminuição da expressão de GnRH em juncos de olhos escuros fotorefractários *(Junco hyemalis). Gen. Comp. Endocrinol.* 93: 128-136.

Sansum, E.L. e King, J.R. 1975. Fotorefractariedade num pardal: Fase da fotossensibilidade circadiana elucidada por fotoperíodos de esqueleto. *J. Comp. Physiol.* 98: 183-188.

Sansum, E.L. e King, J.R. 1976. Long term effects of constant photoperiod on testicular cycles of white-crowned sparrows *(Zonotrichia leucophrys gambelii). Physiol. Zool.* 49:407-416.

Sarkar, A. e Ghosh, A. 1964. Cytological and cytochemical studies on the reproductive cycle of the sub-tropical male house sparrow. *La Cellule* 65: 111-126.

Saxena, R.N. 1964. *Ciclo sexual e caracteres sexuais secundários do pássaro tecelão indiano (Ploceus philippinus).* Tese de doutoramento, Banaras Hindu University, Varanasi, Índia.

Saxena, V.L. e Saxena, A.K. 1975. Effect of thyroidectomy on body weight and gonadal volume of rain quail, *Coturnix coturnix coromendelica. Indian J. Zool.* 16: 113-116.

Schwab, R.G. 1971. Periodicidade testicular circaniana no estorninho europeu na ausência de mudança fotoperiódica. In: *Biochronometry,* Ed. M. Menaker. U.S. Natl. Acad. Sci., Washington. 428447.

Shaffner, C.S. 1954. Estimulação da papila da pena pela progesterona. *Ciência* 120: 345.

Silver, R., Goldsmith, A.R. e Follett, B.K. 1980. Plasma luteinising hormone in male ring doves during the breeding cycle. *Gen. Comp. Endocrinol.* 42: 19-24.

Silverin, B. Viebke, P.A. Westin, J. e Scanes, C.G. 1989. Seasonal changes in body weight, fat depots and plasma levels of thyroxin and growth hormone in free living great tits *(Parus major)* and willow tits *(Parus montanus). Gen. Comp. Endocrinol.* 73: 404- 416.

Silverin, B. Ranger, F. Viebke, P.A. e Jan, W. 1999. Seasonal changes in mass and histology of the spleen in willow Tits *Parus montanus. J. Avian Biol.* 30: 255-262. Copenhaga.

Smith RW, Brown IL, Mewaldt LR. 1969. Annual activity patterns of caged nonmigratory white-crowned Sparrows. Wilson Bull. 81:419-440.

Singh, S.P. 1958. Sobre os ciclos reprodutivos de duas espécies de pombas indianas (Columbidae)

(*Streptopelia tranguebarica)* e (*S. senegalensis*). *J. Sci. Res. BHU* 9: 121-141.

Singh, S.P. 1959. Sobre os ciclos sexuais de duas espécies de periquitos indianos, *Psittacula krameri* e *P. cyanocephala*. *Jour. Sci. Res. BHU* 19: 123-150.

Singh, S. e Chandola, A. 1981. Controlo fotoperiódico da reprodução sazonal em plantas tropicais pássaro tecelão. *J. Exp. Zool.* 216: 293-298.

Singh, S. Misra, M. Rani, S. e Kumar, V. 2002. The photoperiodic entrainment and induction of the circadian clock regulating seasonal responses in the migratory blackheaded bunting (*Emberiza melanocephala*). *Chronobiol. Int.* 19: 865-881.

Siopes, T.D. e Wilson, W.O. 1980. A circadian rhythm in photosensitivity as the basis for the testicular response of Japanese quail to intermittent light. *Poult. Sci.* 59: 868-873.

Smith, A.H. Bond, G.H. Ramsey, K.W. Reck, D.G. e Spoon, J.E. 1957. Size and rate of involution of the hen's reproductive organs. *Poult. Sci.* 36: 346-353.

Smith, R.W. Brown, I.L. e Mewaldt, L.R. 1969. Annual activity patterns of caged nonmigratory white-crowned sparrows. *The Wilson Bulletin*. 81: 419-440.

Sokal, R.R. e Rohlf, F.F. 1981. *Biometery,* 2nd ed., Freeman and Co., São Francisco.

Stettenheim, P. 1972. Padrões de muda. In: *Avian biology*. Vol. II. Eds. D.S. Farner e J.R. King. Academic Press, Nova Iorque. 65-102.

Stokkan, K.A. Sharp, P.J. e Unander, S. 1986. The annual breeding cycle of the high Arctic svalbard ptarmigan *(Lagopus mutus hyperboreus)*. *Gen. Comp. Endocrinol.* 61: 446-451.

Storey, C.R. e Nicholls, T.J. 1976. Some effects of manipulation of daily photoperiod on the rate of onset of a photorefractory state in canaries, *Serinus canarius*. *Gen. Comp. Endocrinol.* 30: 204-208.

Takahashi, J.S. e Menaker, M. 1980. Interação de estradiol e progesterona: efeitos no ritmo locomotor circadiano de hamsters dourados fêmeas. *Am. J. Physiol.* 239: R497-R504.

Tanabe, Y. Himeno, K. e Nozaki, H. 1957. Thyroid and ovarian function in relation to molting in the hen. *Endocrinology* 61: 661-666.

Tewary, P.D. 1967. *Ciclo sexual e carácter sexual secundário de algumas aves indianas.* Tese de doutoramento. Banaras Hindu University, Varanasi, Índia.

Tewary, P.D e Thapliyal, J.P. 1962. Ciclo sexual e caracteres sexuais secundários do macho lal munia *(Estrilda amandava)*. *La Cellule. Bélgica* L XIII. 3: 361-365.

Tewary, P.D. e Thapliyal, J.P. 1965. Effect of long days on the hypophyseal and gonadal cycles of lal munia *(Estrilda amandava). Am. Zool.* 5: 657-658.

Tewary, P.D. e Kumar, V. 1981. Circadian periodicity and the initiation of gonadal growth in male blackheaded buntings (Emberiza melanocephala). *J. Comp. Physiol.* 144: 201-201.

Tewary, P. D. e Kumar, V. 1982. Photoperiodic responses of a subtropical migratory finch, the blackheaded bunting *(Emberiza melanocephala). Condor* 84: 168-171.

Tewary, P. D. e Kumar, V. 1983a. Efeito da luz sobre a gónada e o peso corporal no

Melophus lathami (*Melophus lathami*). *Ambiente. Control. Biol.* 21(1): 7-10

Tewary, P. D. e Kumar, V. 1983b. Biochronometery of photoperiodically induced fat deposition in a migratory finch, the Blackheaded bunting *(Emberiza melanocephala)* (Aves). *J. Zool. Lond.* 200: 421430.

Tewary, P.D. e Tripathi, B.K. 1983. Photoperiodic control of reproduction in female redheaded bunting. *J. Exp. Zool.* 226: 269-272.

Tewary, P.D. e Kumar, V. 1984. Control of testis function in the blackheaded bunting, *Emberiza melanocephala. Current Sci.* 53: 113-114.

Tewary, P.D. e Tripathi, B.K. 1985. Photoperiodic induction of testicular growth in the subtropical yellow-throated sparrows *(Gymnorchis xanthocollis). Arch. Biol.* 96: 425-439.

Tewary, P.D. e Dixit, A.S. 1986. Photoperiodic regulation of the reproduction in subtropical yellow-throated sparrows *(Gymnorhis xanthocollis). Condor* 88: 70-73.

Tewary, P.D. Kumar, V e Prasad, B.N. 1983. Influence of photoperiod in subtropical migratory finch, the common Indian rosefinch, *Carpodacus erythrinus. Ibis* 125: 115-120.

Thapliyal, J.P. 1954. Luz e ciclo sexual das corujas. *J. Sci. Res. BHU* 5: 31-48.

Thapliyal, J.P. 1968. Ciclo de peso corporal da múnia-malhada, *Uroloncha punctulata. Bull. National Sci. India* 36: 154-166.

Thapliyal, J.P. 1969. Thyroid in avian reproduction. *Gen. Comp. Endocrinol.* suppl. 2: 111-122.

Thapliyal, J.P. 1978. Reproduction in Indian birds. *Pavo* 16: 151-161.

Thapliyal, J.P. 1981. Endocrinology of avian reproduction. *Discurso presidencial seccional, Congresso Científico Indiano,* Varanasi, Índia.

Thapliyal, J.P. e Tewary, P.D. 1961. Plumage in lal munia (*Amandava amandava*). *Ciência* 134: 738.

Thapliyal, J.P. e Tewary, P.D. 1963. Efeito de dias curtos de nove horas no ciclo sexual de lal munia, *Estrilda amandava. Proc. XVI Int. Congr. Zool.* Washington D.C. 1:40.

Thapliyal, J.P. e Tewary, P.D. 1964. Effect of light on the pituitary, gonad and plumage pigmentation in the avadavat, *Estrilda amandava*, and Baya Weaver, *Ploceus philippinus*. *Proc. Zool. Soc. London.* 142: 67-71.

Thapliyal, J.P e Saxena, R.N. 1964a. Desenvolvimento gonadal do munia macho de cabeça preta sob dias constantes de nove horas (curtos). *J. Exp. Zool.* 156: 153-156.

Thapliyal, J.P e Saxena, R.N. 1964b. Ausência de período refratário no tecelão comum ave. *Condor* 66: 199-208.

Thapliyal, J.P. e Pandha, S.K. 1965. Thyroid-gonad relationship in spotted munia, *Uroloncha punctulata*. *J. Exp. Zool.* 158: 253-262.

Thapliyal, J.P. e Garg, R. K. 1969. Regulation of thyroid to gonadal and body weight cycles in male weaver bird, *Ploceus philippinus*. *Arch. Anat. Histol. Embryol.* 516: 689-695.

Thapliyal, J.P. e Gupta, B.B.P. 1989. Ciclo reprodutivo das aves. In: *Reproductive cycles of Indian vertebrates*. Ed. S.K. Saidapur. Allied Publishers Ltd., Nova Deli. 273-310.

Thapliyal, J.P. e Biur, K. 1992. The Indian weaver bird: from hatching to puberty. Secção I: Peso corporal, plumagem, bico, gónadas e gonodutos. *Pavo* 30: 111.

Thapliyal, J.P., Chandola, A. e Pavnaskar, J. 1975. Effects of continuous light and very short photoperiods of the gonadal function of a subtropical finch, spotted-munia, *Lonchura punctulata*. *J. Endocrinol.* 65: 141-142.

Threadgold, L.T. 1958. Resposta fotoperiódica do pardal doméstico, *Passer domesticus*. *Nature* 182: 407-408.

Threadgold, L.T. 1960. Resposta testicular do pardal doméstico, *Passer domesticus*, a fotoperíodos curtos e intensidades baixas. *Physiol. Zool.* 23: 190-205.

Tripathi, B.K. 1985. *Fenómeno fotoperiódico numa fêmea de papa-moscas migratório.* Tese de doutoramento. B.H.U., Varanasi. Índia.

Tripathi, B.K. 1987. Controlo circadiano das respostas fotoperiódicas numa fêmea de bunker migratório (*Emberiza bruniceps*). *Gen. Comp. Endocrinol.* 66: 301-305.

Trivedi, A.K. Rani, S. e Kumar, V. 2004. Melatonin blocks inhibitory effects of prolactin on photoperiodic induction of gain in body mass, testicular growth and feather regeneration in the migratory male redheaded bunting (*Emberiza bruniceps*). *Repro. Biol. Endocrinol.* na linha 2: 79.

Trivedi AK, Rani S, Kumar V. 2006. Controlo do ciclo reprodutivo anual no pardal da casa subtropical (*Passer domesticus*): provas da conservação dos mecanismos de controlo fotoperiódico nas aves. Fron Zool. 3:1-12. doi:10.1186/1742-9994-3012.

Turek, F.W. 1972. Envolvimento circadiano no término do período refratário em dois pardais. *Ciência* 178: 1172-1173.

Turek, F.W. 1974. Circadian rhythmicity and the initiation of gonadal growth in sparrows. *J. Comp. Physiol.* 92: 59-64.

Turek, F.W. e Campbell, C.S. 1979. Regulação fotoperiódica do sistema neuroendócrino-gonadal atividade. *Biol. Reprod.* 20: 32-50.

Turek, F.W. e Gwinner, E. 1982. Papel das hormonas na organização circadiana dos vertebrados. In: *Vertebrate circadian systems*. Eds. J. Aschoff, S. Daan e G. Groos. Springer Verlag, Berlim, Heidelberg.

Usman, K. Subbaraj, R. e Subramanian, P. 1990. Seasonality in the flight activity of the tropical bat *Rhinopoma hardwickei* ubder natural photoperiod. *Behav. Process* 21: 81-94.

van Tienhoven, A. 1961. Endocrinologia da reprodução nas aves. In: *Sex and internal secretions*, Vol. 2. Williams and Wilkins Co. 1088-1169.

Vaugien, L. 1954. Influence de lobscutration temporaie sur la duree de la phase refractaire du cycle sexual du moineau domestique. *Bull. Biol. France Belg.* 88: 294-309.

Vishwanathan, N. e Chandrashekaran, M.K. 1985. Ciclos de presença ou ausência da mãe ratinha arrastam o relógio circadiano das crias. *Nature* 317: 530-531.

Wada, M. 1979. Controlo fotoperiódico da secreção de LH em codornizes japonesas, com especial referência à fase fotoindutível. *Gen. Comp. Endocrinol.* 39: 141-149.

Wada, M. 1981. Fase fotoindutível para a secreção de gonadotropina ligada ao amanhecer em codornas japonesas. *Gen. Comp. Endocrinol.* 43: 227-233.

Wada, M. Akimota, R. e Tsuyoshi, H. 1992. Alterações anuais nos níveis de LH plasmática e no tamanho da protusão cloacal em codornizes japonesas *(Coturnix coturnix japonica)* alojadas em gaiolas ao ar livre em condições naturais. *Gen. Comp. Endocrinol.* 85: 415- 423.

Whittow, C.G. 2000. *Sturkie's Avian Physiology.* 5th ed. Acad. Press. New York.

Williams, T.D. 1992. Endocrinologia reprodutiva dos pinguins de macroni *(Eudyptes chryolophus)* e *(Phygocelis papua)*. I. Alterações sazonais nos níveis plasmáticos de esteróides gonadais e LH na reprodução. *Gen. Comp. Endocrinol.* 85: 230-240.

Wilson, F.E. 1991. Nem os fotorreceptores da retina nem os da pineal medeiam o controlo fotoperiódico da reprodução sazonal em pardais americanos. *J. Exp. Zool.* 259: 117-127.

Wilson, F.E. e Reinert, B.D. 2000. A hormona tiroideia actua centralmente para programar pardais americanos machos fotoestimulados *(Spizella arboria)* para componentes vernais e outonais da sazonalidade. *J. Neuroendocr.* 12: 87-95.

Wilson, W.O. Abbott, U.L. e Abplanalp, J. 1961. Avaliação da *Coturnix* (codorniz japonesa) como animal piloto para aves de capoeira. *Poult. Sci.* 40: 651-657.

Wingfield, J.C. e Farner, D.S. 1980. Controlo da reprodução sazonal em aves de zonas temperadas. *Prog. Reprod. Biol.* 5: 62-101.

Wingfield, J.C. e Farner, D.S. 1993. Endocrinologia da reprodução em espécies selvagens. In:

Biologia Aviária, Vol. IX. Academic Press. 163-277.

Wingfield, J.C. Crim, J.W., Mattocks, Jr., P.W. e Farner, D.S. 1979. P.W. e Farner, D.S. 1979. Respostas de pardais machos fotossensíveis e fotorrefractários de coroa branca (*Zonotrichia leucophrys gambelii*) à hormona libertadora da hormona luteinizante sintética de mamíferos (Syn-LHRH). *Biol. Reprod.* 21: 801-806.

Wolfson, A. 1940. Um relatório preliminar de algumas experiências sobre a migração de aves. *Condor* 42: 93-99.

Wolfson, A. 1942. Regulação da migração primaveril em juncos. *Condor* 44: 237-263.

Wolfson, A. 1945. The role of the pituitary, fat deposition, and body weight in migration (O papel da pituitária, deposição de gordura e peso corporal na migração). *Condor* 47: 95-127.

Wolfson, A. 1960a. Papel da luz e da escuridão na regulação do estímulo anual para a migração primaveril e os ciclos reprodutivos. *Proc. XII Int. Ornithol. Congr.* 758-789

Wolfson, A. 1960b. Regulação da periodicidade anual na migração e reprodução das aves. *Cold Spring Harbor Symp. Quant. Biol.* 25: 507-514.

Wolfson, A. 1965. Light and endocrine events in birds: role of dark period and circadian rhythms in the regulation of the gonadal cycle. *Arch. Anat. Micros. Com. Morphol. Exp.* 54: 579-600.

Wolfson, A. e Winchester, D.P. 1959. Effect of photoperiod on the gonadal cycle in an equatorial bird, *Quelea quelea*. *Nature* 184: 1658-1659.

Zimmermann, J.L. 1966. Efeito do fotoperíodo tropical alargado e da temperatura no Dickcissel. *Condor* 68: 377-387.

Zucker, I. Fitzgerald, K.M. e Morin, L.P. 1980. Diferenciação sexual do sistema circadiano no hamster dourado. *Am, J, Physiol.* 238: R97-R101.

Printed by Books on Demand GmbH, Norderstedt / Germany